KB199985
VERY HOT!
TOKYO NOODLES
It's Delicious

VERY HOT!
TOKYO NOODLES
It's Delicious

진짜 도쿄 맛집을
알려줄게요。

· Tokyo Gourmet Guide ·

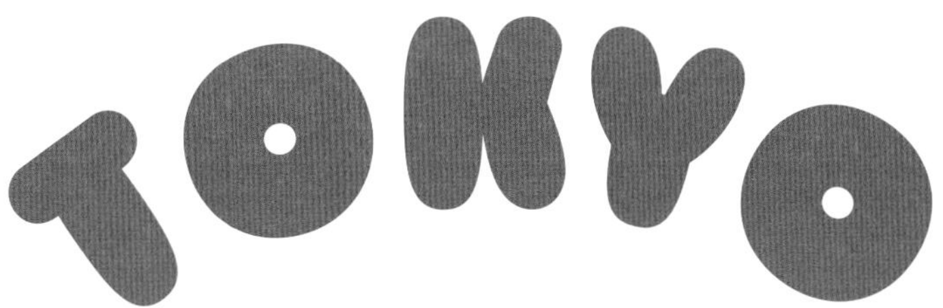

현지인이 다니는

전면개정판

진짜 도쿄 맛집을 알려줄게요。

일본인 친구가
한국어로 소개하는
도쿄 로컬 맛집

네모 지음

도쿄 여행 가세요?

도쿄에 살고 있는 현지인 친구를 소개해 드릴게요.

Prologue

인간이 태어나서 죽을 때까지 식사하는 횟수가 많게는 약 8만 회라고 해요. 저는 사는 동안 되도록 많이 맛있는 것을 먹고 싶습니다. 물론 늘 맛있는 것만 먹기는 어렵겠지만, 노력은 하고 싶어요. 그러려면 외식을 할 때도 맛집을 잘 찾아서 한 끼 식사라도 소중히 먹는 게 중요하겠죠. 게다가 여행지에서라면 그 한 끼는 더 특별할 테고요.

"안녕하세요? 저는 에노모토 야스타카라고 합니다."

친구들은 저를 편하게 '네모'라고 불러요. 도쿄에서 태어나 지금까지도 도쿄에 살고 있는 일본인 남자입니다. 한국 문화에 관심이 있어서 한국어 공부를 시작했고, 2012년 서강대학교 국제문화교육원(어학당)에서 한국어를 배웠습니다.

서울에 사는 동안 한국인 친구들이 현지 맛집을 많이 알려준 덕에 한국 음식에 푹 빠지게 되었어요. 제가 가장 좋아하는 음식이 한국 음식이랍니다. 하숙집 아주머니가 만들어 주신 찌개와 반찬, 분식집에서 먹는 라볶이, 그리고 곱창, 찜닭, 보쌈, 청국장 등을 무척 좋아하고요. 매운 음식도 잘 먹습니다(하지만 술은 전혀 못 마셔요).

일본에 귀국한 후, 한국어를 잊지 않기 위해 한국어로 인스타그램을 시작했습니다. 그리고 제가 서울에서 살았을 때 한국인 친구들이 저에게 현지 맛집을 알려준 것처럼 한국인에게 도움이 되는 정보를 드리고 싶어서 한국어로 '리얼 도쿄 맛집 탐방기' 피드를 올리고 있어요.

2018년 출판한 《진짜 도쿄 맛집을 알려줄게요》는 많은 분의 사랑을 받았습니다.

"도쿄 여행 내내 네모 님이 소개해 주신 맛집에서
먹었고 대만족했어요!"

이런 말을 들을 때마다 너무너무 기쁘고 행복했습니다.
책 출간 후 바로 개정판 제안을 받았습니다. 2020년 도쿄 올림픽 개최에 맞춰 개정판을 만드는 거였죠. 도쿄를 방문할 많은 한국인에게 도움이 되도록요. 저는 개정판을 만들기 위해 더 좋은 맛집을 찾아 취재하기로 했습니다.

그러다가 코로나19 팬데믹이 일어난 겁니다. 2020년 도쿄 올림픽은 연기되고, 사실상 해외 여행이 금지돼 버렸습니다. 개정판 계획도 '백지'가 되고 말았습니다. 더 나은 개정판을 만들 수 있겠다는 자신감만큼 실망도 컸어요.
코로나19 팬데믹으로 일본 또한 외식을 삼가는 분위기였습니다. 하지만 혼밥은 눈치를 보지 않고도 가능했어요. 혼밥을 좋아하는 저는 팬데믹 중에도 꾸준히 혼자 맛집 탐방을 계속했습니다. 팬데믹의 끝이 안 보일 때도 개정판을 낼 때까지는 못 죽겠다는 마음으로(!) 맛집을 열심히 돌아다녔어요.
팬데믹이 종식되어 해외 여행 규제가 풀리기까지 오랜 시간이 걸렸지만, 저 개인적으로는 충분한 취재 시간을 가진 셈입니다. 그래서 이번에 만반의 준비를 하고 더 충실한 책을 만들었습니다. 아쉽게도 문을 닫은 맛집은 삭제하고, 새로운 맛집들을 추가했어요. 맛집 수도 스무 곳 이상 늘렸고요. 이번 책은 '개정판'이라고는 하나 절반 이상의 새로운 맛집들을 소개하고, 이전에 소개한 맛집의 바뀐 정보도 모두 업데이트했으니 사실상 새로운 책이라고 해도 과언이 아닐 거예요. 6년 만에 내놓은 전면개정판은 저의 베스트 진짜 도쿄 맛집만 모아놓았다고 자부합니다.

한국과 마찬가지로 일본 역시 최근 몇 년간 물가상승을 억제할 수 없는 상황입니다. '저번에는 1,000엔이었던 메뉴가 이젠 1,500엔…' 이런 일도 있을 것입니다.
음식값이 많이 오른 걸 보고, 저는 새삼스럽게 '외식이란 뭘까?'에 대해 생각을 해봤습니다. 먹고 살기 위해 매일매일 집에서 먹는 것과는 좀 의미가 다르기도 하죠. 독자 여러분처럼 맛집에 대한 정보를 찾아보고, 먼 맛집을 일부러 찾아가는 이유는 식사하면서 '행복'이나 '감동'을 느끼거나, '새로운 발견'을 하기 위해서가 아닐까요?

"특히 여행 중의 식사는 한 끼 한 끼가 소중한 '만남'일 거예요."

이제는 어디를 가든 결코 싸지 않는 '한 끼'를 좋은 만남으로 만드는 데 이 책이 도움이 되리라 생각합니다.
물론 일식은 한식과 다르니 한국인들 입맛에 잘 안 맞을 수도 있겠죠. 일식이 어떤 것인지 모르고 먹으면 상상했던 맛과 달라서 실망할 수도 있습니다. 하지만 걱정 마세요. 저는 한국인이 모르거나 오해하는 일식의 정보를 풀어서 설명하는 전문가입니다. 이 책이 '알고 먹으면 더 맛있는' 일본 음식의 세계로 여러분을 안내할 거예요. 이 책이 단순한 '맛집 가이드 북'에 그치지 않고 여러분이 도쿄 맛집 탐방을 할 때 '행복'을 함께하는 동반자가 되었으면 좋겠습니다.

CONTENTS

Chapter. 3

면 요리

Chapter. 4

고기

Chapter. 5

생선

Chapter. 6

그 밖의 일본식

Chapter. 7

양식

Chapter. 8

카레

Chapter. 9

베이커리와 디저트

etc.

편의점

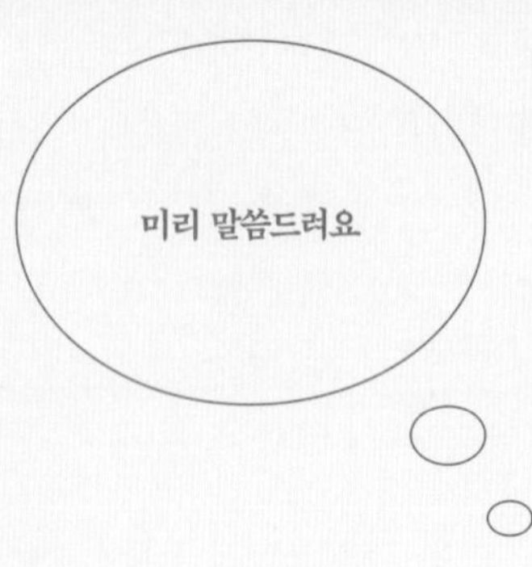

☞ **일본어 발음 표기**

일본어 발음의 표기는 한국의 외래어표기법을 기본으로 하되, 그대로 발음하면 현지인이 알아듣기 어려운 단어들은 현지 발음에 가깝게 표기하였습니다. 특히, 독자분들이 실제로 맛집에서 음식을 주문할 때 도움이 되도록 일본어 메뉴 등은 비교적 현지 발음에 가깝게 표기하였습니다. 예를 들어 '돈가스(とんかつ)'의 경우 한국의 '외래어표기법'에 따르면 '돈가스'라고 써야 하지만, 이 책에서는 현지식 발음에 가깝게 '돈카츠'라고 표기했습니다. 다소 어색하게 느끼실 수도 있겠지만, 실용적으로 표기하려고 했다는 점을 이해 부탁드립니다.

☞ **글과 사진의 붉은색 ***

본문의 글에 표시한 붉은색 *과 **등의 기호는 관련 사진이 실려 있음을 의미합니다. 사진에도 같은 표시를 해두었으니 참고해주세요.

☞ **추천메뉴**

본문의 ORDER 코너 추천메뉴를 보는 방법은 이러합니다. 예를 들어 '모든 토핑 라멘(全部入りらーめん, 젠부이리 라멘): ¥1,150'이라고 한다면 '한국어로 번역한 메뉴명(일본어 메뉴명, 일본어 발음): 가격' 순으로 표기한 것입니다. '라멘(ラーメン)'처럼 한국어로 번역한 메뉴명과 일본어 발음이 같은 경우 일본어 발음을 표기하지 않았습니다.

☞ **영업정보**

맛집 소개 마지막에 붉은색 글자로 정리한 영업정보는 취재 당시(2023년 12월 기준)의 것을 기초로 2025년 2월 갱신했습니다.

☞ **구글맵검색과 주소**

'구글맵검색'은 구글맵에서 맛집을 쉽게 검색할 수 있는 키워드를 정리한 것입니다. 검색어는 영어로 기재했지만, 일부 영어로 검색되지 않는 맛집은 한국어, 일본어, 혹은 주소(영어)를 적어두었습니다. 좀 더 정확한 위치 검색을 원할 때는 주소를 참고하세요. 개정판에서는 쉽게 검색할 수 있도록 영문 주소로 기재했습니다.

☞ **메뉴 가격**

일본의 음식점에는 메뉴판에 부가가치세를 포함한 가격을 기재한 곳과 그렇지 않은 곳이 있는데요. 이 책에는 취재 당시 메뉴판에 표시되어 있던 가격을 그대로 기재했습니다.

☞ **웨이팅**

영업정보에 기재한 기호 ⊖는 웨이팅 시간을 나타냅니다. ⊖ 웨이팅 거의 없음, ⊖⊖ 웨이팅이 있어도 5~15분 정도, ⊖⊖⊖ 웨이팅 30분 이내, ⊖⊖⊖⊖ 웨이팅 60분 이내, ⊖⊖⊖⊖⊖ 웨이팅 60분 이상 정도로 보시면 됩니다. 하지만 시간대나 요일에 따라 웨이팅 상황은 바뀌어요. 참고만 해주세요.

☞ **라스트 오더(L.O.)**

영업정보의 영업시간에 표기한 L.O는 마지막 주문 시간인 '라스트 오더'를 의미합니다. 영업시간과 라스트 오더는 점포가 표기한 대로 따랐습니다.

☞ **휴무일**

일본의 명절은 양력으로 정해져 있습니다. 설날은 매년 1월 1일이고 설 연휴는 보통 연말연시(5~10일 정도)입니다. 추석은 8월 15일, 추석 연휴는 보통 8월 15일 전후(5~10일 정도)인데요. 이때 휴무일은 가게마다 다릅니다. 일본도 한국처럼 명절 연휴 중에 영업을 안 하는 가게들이 많기 때문에 주의가 필요합니다. 최근에는 명절과 상관없이 영업하는 가게들도 늘고 있기는 하지만, 먹는 여행을 하시려면 일본의 명절을 피하는 것이 나을 것 같아요.

Chapter. 1

돈부리

'돈부리丼ぶり'는 밥 위에 식재료를 얹은 덮밥입니다. 사실 '돈부리'는 밥그릇의 이름이기도 한데, 일반적인 일본 밥그릇보다 크고 식재료를 얹을 수 있도록 면적이 넓은 게 특징입니다. 라멘이나 우동을 담는 그릇도 돈부리라고 해요.

돈부리는 밥 위에 무얼 얹느냐에 따라 이름이 달라집니다. 소고기덮밥 '규동牛丼', 돼지고기덮밥 '부타동豚丼', 텐푸라덮밥 '텐동天丼', 돈카츠덮밥 '카츠동かつ丼', 닭고기와 달걀덮밥 '오야코동親子丼', 일본식 회덮밥 '카이센동海鮮丼', 참치회덮밥 '마구로동マグロ丼', 장어덮밥 '우나동うな丼' 등 참 다양하죠.

일본인들은 돈부리를 정말 좋아합니다. 밥 위에 식재료를 얹으면 뭐든 돈부리라고 할 수 있는데요. 가정에서 먹다 남은 음식으로 '○○동丼'을 만들어 먹기도 해요. 카레, 함바그, 고로케, 생선구이 등 무엇이든 올릴 수 있어요.

돈부리는 일본 서민의 패스트푸드라고 할 수 있어요. 밥과 반찬이 따로따로 나오면 먹을 때 번거로우니까 그릇에 밥과 반찬을 함께 담아 먹기 편하도록 만든 요리거든요. 빨리 만들어 바로 먹을 수 있죠. 일본에서 '요시노야'나 '마츠야' 등 돈부리를 파는 패스트푸드점은 일본인의 일상에서 빼놓을 수 없는 가게라고 할 수 있어요.

한국과 일본의 음식 문화에는 여러 가지 차이가 있는데 그중 하나가 일본인은 밥그릇을 들고 먹는데 한국인은 그렇지 않다는 거예요. 일본에서는 어렸을 때부터 "밥그릇은 들고 먹어야 한다"라고 가르칩니다. 들고 먹는 것이 매너 있는 행동이라는 것이죠. 보통 일본 음식은 숟가락을 사용하는 대신 그릇을 입 가까이 대고 젓가락으로 먹습니다. 특히 돈부리를 먹을 때 그릇을 입 가까이에 대고 단숨에 그러

넣는 것이 맛있게 먹는 방법이라고 하는데요. 한번 시도해 보세요.

또 하나, 일본에서는 돈부리를 비벼 먹지 않습니다. 한국에는 규동을 비벼 먹는 사람들이 있다고 들었을 때 처음에는 솔직히 '에이 설마?!' 했습니다. 일본인에게는 상상도 못 할 일이거든요. 이제는 한국에 비벼 먹는 음식이 많다는 걸 알게 되어서 돈부리를 비벼 먹는 한국인을 봐도 아무렇지 않습니다. 한번은 비벼 먹는 음식 문화에 대해 한국인 친구에게 물어본 적이 있습니다. 그 친구는 "양념이 돈부리 아래쪽에 몰려서 밥맛이 균등하지 않기 때문에 비벼 먹는다"라고 하더라고요. 그래서 한국인은 돈부리를 비빔밥처럼 생각할 수 있겠다 싶었습니다.
일본에서는 자기가 직접 비벼서 먹는 음식이 거의 없습니다. 심지어 카레라이스도 비비지 않고 먹어요. 이처럼 일본에는 비벼 먹는 음식 문화가 없기 때문에 한국 비빔밥도 잘 안 비벼 먹는 경향이 있습니다(물론, 저는 한국 비빔밥은 잘 비벼야 맛있다는 걸 이제는 알고 있습니다).
일본인은 돈부리를 먹을 때 양념이 한쪽에 몰려서 맛이 진한 부분과 양념 맛이 없는 맨밥이 나뉘어 있어도 신경 쓰지 않아요. 오히려 똑같아지도록 비비면 재미가 없다고 생각하는 사람도 있습니다. 그래서 평소에 돈부리를 비벼 먹는 걸 본 적 없는 일본인은 좀 놀랄 수도 있어요. 비비는 것은 예쁘지 않다고 생각하는 사람도 있고요. 이번 기회에 그런 음식 문화 차이에 대해서도 생각해 보면 재미있을 것 같습니다.

TOKYO GOURMET TOUR / DONBURI / 01

텐동 먹으러 텐후쿠에 갑니다 。

60여 년 전통의 진짜 텐푸라 맛집
'텐후쿠(天冨久)' 런치 타임에
텐동을 드셔보세요!
天冨久

STORY '텐동天丼'이란 '텐푸라돈부리'의 줄인 말이에요. 말 그대로 텐푸라를 밥에 얹은 돈부리(덮밥)입니다. 생선류나 채소류 등을 튀긴 각종 텐푸라를 밥에 얹고 짭짤한 간장 양념을 뿌려 나오는 게 일반적인 텐동 스타일인데요. 텐푸라의 종류는 가게마다 다양하지만 새우텐푸라가 주인공인 경우가 많아요.

반 마리로도 충분한
'하프 아나고텐동(¥1,700)'

예전에는 도쿄에서 맛있는 텐동을 먹으려면 제대로 된 텐푸라 전문점에 가야 했지요. 일본의 텐푸라집은 가격대가 높은 편이라 편하게 들어가기 좀 어려울 수도 있는데요. 최근에는 가성비 좋은 체인점이 생기면서 부담 없이 텐동을 먹을 수 있는 기회가 늘어났어요. 그러다 보니 한국인 여행객이 일본에서 텐동을 먹으려면 모두 다 같은 체인점에 가는 것 같기도 해서… 개인적으로 로컬 텐동 맛집도 꼭 추천해 드리고 싶었습니다. 여기서 소개하는 오모리 텐푸라 맛집 '텐후쿠'는, 디너 가격대가 무려 1만 엔 이상인 제대로 된 텐푸라 노포입니다. 디너는 좀 고급스러운데 반해 런치는 캐주얼하게 텐동을 맛볼 수 있어요. 위치상 외국인 관광객이 많지는 않고, 현지인들이 즐겨 찾는 진짜 맛집입니다.

MENU 런치 메뉴는 기본 텐동이 1,500엔. 밥 위에 올라가는 텐푸라는 새우 두 마리, 닭고기, 생선, 채소 세 가지, 김, 반숙란이 나옵니다. 새우를 두 마리 추가한 '에비텐동えび天丼'과 바닷장어(아나고) 반 마리를 추가한 '하프 아나고텐동ハーフ穴子天丼'이 각각 1,700엔. 바닷장어 한 마리를 추가한 '아나고텐동穴子入り天丼'은 2,000엔. 밥은 무료로 곱빼기 주문이 가능합니다(텐푸라만으로도 충분히 배부르지만요). 저는 '하프 아나고텐동'을 주문했습니다. 바닷장어는 반 마리라도 충분히 커요. 반숙란 튀김을 갈라서 새우나 장어에 살짝 묻혀 먹으면 맛이 부드러운 데다 완전 꿀맛이랍니다. 느끼할 땐 같이 나오는 시원한 절임채소와 된장국을 드셔보세요. 이곳의 런치 메뉴는 텐동뿐이어서 조리 시간도 손님 회전도 빨라요. 그래서 좋은 식재료를 사용하면서도 합리적인 가격으로 음식을 제공할 수 있는 것 같습니다. 제가 카운터석에 앉아서 장인의 텐푸라 튀기는 모습을 보니까 정말 정성스럽게 요리하더라고요. 이곳은 60여 년의 전통을 자랑하는 텐푸라 맛집이랍니다. 런치 메뉴라도 요령 피우지 않는 가게인 것 같습니다.

TABLE 혹시 간이 모자라다 싶으면 테이블에 있는 텐동 소스를 더 뿌리셔도 됩니다.* 고춧가루(나무 용기에 들어 있는 것)도 취향껏 뿌려 맛을 즐겨보세요.

ORDER 저의 추천 메뉴는

하프 바닷장어 텐동(ハーフ穴子天丼, 하프 아나고텐동): ¥1,700 ※런치 한정 메뉴. 디너는 예약제 코스 요리만 제공합니다.

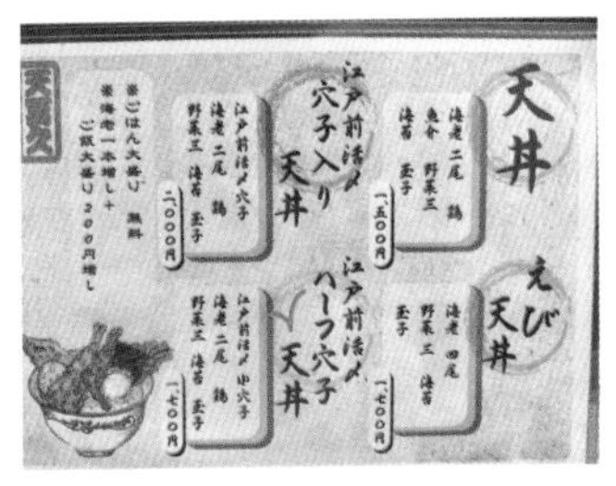

유형 텐푸라 전문점 **상호** 텐후쿠(天冨久) **구글맵검색** tenfuku omori **가격대** 런치 ¥1,000~2,000(현금 사용), 디너 ¥10,000~(카드 가능) **웨이팅** ㊀㊀ **영업시간** 런치 11:00~14:00(L.O.), 디너 18:00~(예약제) **휴무** 비정기 **위치** 오모리(大森). JR게이힌도호쿠선 오모리역 동쪽 출구 도보 8분 **주소** Ota-ku Omorikita 1-26-2

TOKYO GOURMET TOUR / DONBURI / 02

카츠동 먹으러 엔라쿠에 갑니다 。

인기 돈카츠 맛집이지만 숨은
추천 메뉴는 카츠동인 '엔라쿠(燕楽)'

STORY 일본 최대의 맛집 평가 사이트인 '타베로그tabelog.com'의 도쿄 돈카츠 맛집 랭킹은 경쟁이 특히 심한데요. 돈카츠 전문점 '엔라쿠'는 꾸준히 좋은 평가를 받는 곳이에요. 미쉐린 '빕 그루망Bib Gourmand(저렴한 가격으로 훌륭한 음식을 먹을 수 있다고 미쉐린에서 선정한 맛집)'으로도 인정받은 곳인 만큼, 오픈 시간 전부터 사람들이 줄을 서서 기다리는 인기 가게입니다. 그러니 시간 여유를 가지고 가보는 게 좋을 듯해요.

달콤한 비계와 양파의 조화가
환상적인 '카츠동(¥1,200)'

MENU 엔라쿠는 일본 야마가타현 히라타平田 목장의 브랜드 돼지고기인 '산겐톤三元豚'을 사용합니다. 산겐톤은 일본의 맛있는 쌀을 먹여 기른 돼지예요. 개방된 돈사에서 스트레스 없이 자란다는 돼지라 육질이 부드러워 입안에서 살살 녹습니다.

이런 육질의 돼지고기를 즐기기 위해 보통은 '로스카츠 정식ロースカツ定食'을 주문하는 사람들이 많은데, 저는 '카츠동カツ丼'을 자주 먹습니다. 카츠동은 달걀과 돈카츠를 간장 베이스 국물에 살짝 끓여 밥 위에 얹은 돈부리예요. 이곳의 카츠동은 양파를 듬뿍 넣은 게 특징입니다. 소스를 뿌려서 먹는 돈카츠도 맛있지만 이렇게 간장 맛과의 궁합도 괜찮은 것 같아요. 느끼하기 쉬운 비계 부위도 엔라쿠에서는 달콤한 것 같습니다. 로스카츠 정식은 2,500엔인데 카츠동은 1,200엔으로 먹을 수 있으니 가성비도 좋은 편이죠. 물론 로스카츠 정식도 먹어볼 메뉴이지만, 개인적으로는 카츠동을 꼭 드셔보는 걸 추천합니다.

TIP 참고로 런치보다 디너 타임에 웨이팅이 적습니다. 한 가지 주의해야 할 점이 있는데, 바로 사진 촬영이에요. 음식 촬영은 괜찮지만 가게 내부는 촬영이 금지되어 있답니다.

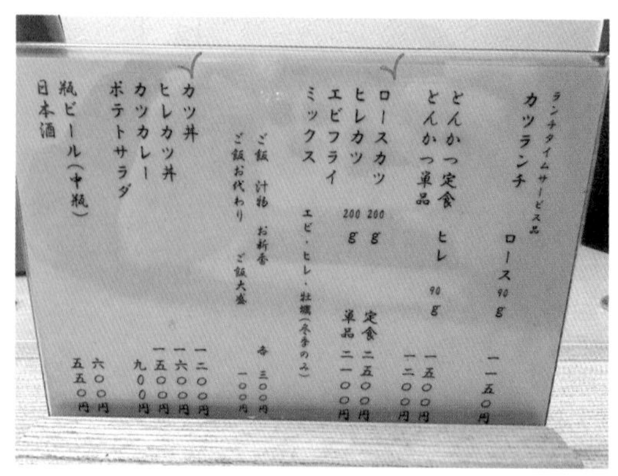

ORDER 저의 추천 메뉴는

카츠동(カツ丼): ¥1,200

로스카츠 정식(ロースカツ 定食, 로스카츠 테이쇼쿠): ¥2,500

유형 돈카츠 전문점 **상호** 돈카츠 엔라쿠(とんかつ燕楽) **구글맵검색** tonkatsu enraku ikegami **가격대** ¥1,000~3,000(현금 사용) **웨이팅** ⊖⊖⊖⊖ **영업시간** 런치 11:00~14:30(L.O.), 디너 17:00~21:00(L.O. 20:15) **휴무** 일·월요일 **위치** 이케가미(池上), 도큐 이케가미선 이케가미역 북쪽 출구 도보 2분 **주소** Ota-ku Ikegami 6-1-4

토지나이 카츠동 먹으러 즈이초에 갑니다 。

메뉴는 '토지나이 카츠동' 하나!
새로운 카츠동을 유행시킨
시부야 맛집 '즈이초(瑞兆)'
ZuiCho
¥CASH ONLY

STORY 일반적인 카츠동은 간장 베이스 육수에 돈카츠와 양파를 넣고 날달걀을 풀어 살짝 끓여 얹은 덮밥입니다. 그런데 최근 몇 년 사이 조금 다른 스타일의 카츠동이 트렌드입니다. 간장 베이스 육수로 끓이지 않고 돈카츠에 부드럽게 구운 달걀말이를 얹은 카츠동. 이런 카츠동을 '토지나이 카츠동とじないかつ丼'이라고 부릅니다. '토지나이とじない'는 '달걀물을 푼 육수와 같이 끓이지 않는다'는 뜻이에요. 육수와 돈카츠를 따로 익히기 때문에 훨씬 바삭하죠. 이번에 소개하는 맛집 '즈이초'는 도쿄에서 토지나이 카츠동 스타일을 유행시킨 곳입니다. 기존의 카츠동 개념을 넘어서서 만든 새로운 카츠동은 도쿄 카츠동 팬들의 마음을 사로잡았어요. 몇 년 전 제가 SNS에 이곳을 소개한 이후로 한국인 여행객도 늘었다고 들었는데요. 혹시 아직 드셔보지 않았다면 꼭 한번 도전해 보세요.

육수에 끓이지 않아 훨씬 바삭한
즈이초의 '카츠동(¥1,500)'

MENU 토지나이 카츠동의 특징은 식감입니다. 일반적인 카츠동은 육수와 함께 살짝 끓이기 때문에 돈카츠의 바삭한 식감을 해치는데요. 토지나이 카츠동은 살짝 소스만 뿌리는 정도라 돈카츠 특유의 식감을 유지합니다. 소스는 단짠단짠한 맛이고, 얇게 구운 달걀말이와 절묘하게 잘 어울립니다. 원래 일본에는 '소스카츠동ソースカツ丼'이나 '타레카츠동タレカツ丼'이라고 불리는 카츠동 스타일이 있습니다. 돈카츠와 채썬 양배추를 밥에 올린 다음 소스만 뿌리는 단순한 스타일인데요. 이곳의 토지나이 카츠동은 달걀물을 푼 육수에 끓여낸 일반적인 카츠동의 다양한 맛과 소스카츠동, 타레카츠동의 바삭한 식감을 합쳐 만든 것 같은 느낌입니다.

즈이초의 메뉴는 카츠동과 맥주뿐입니다. 카츠동은 2022년까지 1,000엔이라는 착한 가격이었는데, 2023년에 1,500엔으로 올랐습니다. 원래 가격이 너무 저렴했고, 개인적으로 1,500엔을 내도 아깝지 않은 맛이라고 생각합니다. 밥의 양을 '곱빼기(오오모리)', '보통(후츠우)', '적게(쇼)' 중에서 고를 수 있는데 가격은 동일해요. 주문할 때 가게 직원이 밥의 양은 어떻게 할 건지 확인해 줄 거예요.

LOCATION 가게는 시부야역 하치코 출입구에서 도보로 10분 정도의 거리에 있습니다. 실은 가장 가까운 역은 게이오선 신센역인데요. 아무래도 시부야역에서 걸어가는 사람이 많겠죠. 시부야역에서 가는 경우 시부야 센터 거리를 지나서 좀 더 걸어가면 됩니다. 이쪽을 오쿠시부야奥渋谷(시부야 안쪽)라고 부르는데, 시부야 번화가와 떨어져 있어서 북적이지 않습니다. 최근 멋진 가게들이 들어서면서 핫 플레이스로 주목받고 있답니다.

ORDER **저의 추천 메뉴는**

카츠동(かつ丼): ¥1,500

유형 토지나이 카츠동 맛집 **상호** 즈이초(瑞兆) **구글맵검색** katsudon-ya zuicho **가격대** ¥1,500 **웨이팅** ⊖⊖⊖⊖ **영업시간** 평일 11:00~18:00, 토요일 11:30~20:00 **휴무** 일요일 **위치** 오쿠시부야(奥渋谷). JR시부야역 하치코(ハチ公) 출구 도보 10분 **주소** Shibuya-ku Udagawacho 41-26

부타동 먹으러 부타다이가쿠에 갑니다 。

홋카이도 오비히로식 돼지고기덮밥
부타동 맛집 '부타다이가쿠(豚大学)'

메뉴는 '부타동(¥600~1,380)'
단 하나! '부타다이가쿠 세트
(¥270 추가)'를 추천해요.

STORY 삼겹살은 한국에서 국민 음식이라고 할 만큼 인기가 높죠. 그 소비량은 한국을 넘어설 수 없을 것 같지만 일본인도 돼지고기를 즐겨 먹습니다. 일본에는 돼지 삼겹살 부위로 돈부리를 만든 '부타동豚丼'이라는 음식이 있어요. 부타동은 원래 홋카이도 오비히로帯広의 명물인데 이제는 전국에서 인기가 있어요. 저는 오비히로 현지에서 부타동 맛집을 찾아 꽤나 돌아다녔는데요, 다 맛있어서 감동했습니다. 제가 도쿄에서 부타동을 먹고 싶을 때 찾는 곳은 '부타다이가쿠'입니다. 부타동은 규동牛丼 체인점 같은 곳에서도 먹을 수 있지만, 역시 이런 로컬 전문점에서 먹는 게 좋은 듯해요.

MENU 메뉴가 부타동뿐인 전문점이에요. 밥 위에 얹어주는 돼지고기는 숯불에 구워주는데요. 굽는 동안 일본 장어덮밥과 비슷한 맛의 양념을 고기에 반복해서 발라주는 게 특징입니다. 주문을 받은 후 고기를 굽기 시작하기 때문에 요리가 나올 때까지 조금 기다려야 해요. 양은 소小, 중中, 대大, 특대特大 중에서 선택할 수 있어요. 특대는 1킬로그램에 달하는 양이라서 잘 먹는 분들도 중中 사이즈면 충분합니다.
이곳에서는 세트로 드셔보는 걸 추천해요. 270엔을 추가하면 반숙란과 절임채소, 된장국이 나오는데, 노른자를 톡 터뜨려 먹으면 부드러운 맛을 더해준답니다.

LOCATION 가게는 회사원들의 동네로 유명한 미나토구 신바시의 '뉴 신바시빌딩' 1층에 있어요. 이 건물에는 신바시의 회사원들이 즐겨 찾는 음식점이 많이 입주해 있습니다.

ORDER 저의 추천 메뉴는

소(小): ¥600, 중(中): ¥850, 대(大): ¥1,050, 특대(特大): ¥1,380
부타다이가쿠 세트(豚大学セット): ¥270 추가[반숙란, 절임채소, 된장국]

유형 부타동 전문점 **상호** 부타다이가쿠(豚大学) **구글맵검색** butadaigaku shinbashi **가격대** ~¥1,500(현금 사용) **웨이팅** ⊖⊖⊖ **영업시간** 평일 7:00~21:45(L.O.) ※7:00~10:00는 아침 부타동 메뉴(¥600)만 판매/토·일요일 런치 11:00~15:00, 디너 16:30~20:15(L.O.) **휴무** 홀수 달 둘째 주 일요일 **위치** 신바시(新橋), JR야마노테선·게이힌도호쿠선 신바시역 가라스모리(烏森) 출구 도보 2분 **주소** Minato-ku Shinbashi 2-16-1 New Shinbashi Building 1F

TOKYO GOURMET TOUR / DONBURI / 05

야키토리동 먹으러 이세히로에 갑니다。

1921년 창업한 야키토리 노포
'이세히로(伊勢廣)' 2020년에
100주년을 맞아 리뉴얼 오픈!

야키토리 5종을 담은
'5종 야키토리동(¥2,800)'

STORY '야키燒'는 '구운', 토리鳥'는 '닭'이라는 뜻인데요. 보통 '야키토리'라고 하면 구운 닭꼬치를 가리킵니다. 한국에도 길거리 음식으로 닭꼬치가 있잖아요. 일본 또한 이자카야 같은 곳에서 파는 경우가 많고, 고급 전문점도 있습니다. 전문점에서는 코스 요리로 야키토리가 나오기도 해요. 소개할 '이세히로'도 원래 비싼 야키토리 전문점이에요. 술을 못 마시는 저는 편하게 야키토리집에 들어갈 수 없기도 하지요. 일본에서 야키토리집은 '술집' 이미지가 있거든요. 회사원들이 퇴근 후 한잔하러 들르는 곳이어서 아무래도 저녁에 술 없이 야키토리를 먹는다는 게 쉽지 않습니다. 하지만 '이세히로'는 그런 고민을 해결해 주는 맛집입니다. 이곳은 1921년에 창업한 아주 오래된 가게인데, 런치 타임에도 영업을 합니다. 물론 런치 타임에는 술을 주문하지 않아도 오케이! 혼밥도 전혀 불편하지 않은 편안한 곳입니다.

MENU 이세히로는 본격적인 야키토리 전문점인 만큼 저녁에는 여유롭게 코스 요리를 즐기거나 접대하기 위해 오는 손님도 많아요. 그런데 점심은 저녁에 비해 좀 편하게 이용할 수 있습니다. 제가 추천해 드리고 싶은 런치 메뉴는 '야키토리동やきとり丼'입니다. 어떤 음식이든 돈부리로 만들어 먹는 일본인은 야키토리도 돈부리로 먹습니다. 가게 직원이 야키토리를 구운 후 꼬치를 빼고 야키토리의 타레(양념)가 뿌려져 있는 밥 위에 얹어주는데요, 부위별로 골고루 얹어주어 다양한 맛을 즐길 수 있습니다.

돈부리가 아니라 정식으로도 주문할 수 있어요. 야키토리 5종까지는 돈부리와 정식 가격이 동일하고, 정식을 주문하는 경우 추가요금을 내면 야키토리 6~9종까지 추가할 수 있어요.

TIP 교바시 본점은 도쿄역에서 가깝고 회사가 많은 지역이어서 점심 시간에도 사람이 많아요. 운치 있는 목조 건물을 3층으로 증축해서 좌석이 늘어났습니다.

ORDER 저의 추천 메뉴는

5종 야키토리동(やきとり 5本丼, 야키토리 고혼동): ¥2,800
야키토리 7종 정식(やきとり 7本定食, 야키토리 나나혼 테이쇼쿠): ¥3,800

야키토리동은 야키토리 4종과 5종이 있습니다. 야키토리 4종에는 가슴살, 다진 닭고기, 다리살과 대파, 닭껍질이 나오고, 5종에는 간이 추가돼요. 간을 좋아하시면 꼭 5종 야키토리동을 드셔보세요. 부드러우면서도 깊은 맛의 간을 만날 수 있습니다.

유형 야키토리 맛집 **상호** 이세히로 교바시 본점(伊勢廣 京橋本店) **구글맵검색** isehiro kyobashi **가격대** 런치 ¥2,000~, 디너 ¥6,000~(카드 가능) **웨이팅** ⊖⊖⊖ **영업시간** 평일 런치 11:30~14:00, 디너 16:30~21:00(L.O. 20:30)/토요일 디너 16:30~20:30(L.O. 20:00) ※토요일 런치 휴무 **위치** 교바시(京橋), JR도쿄역 야에스(八重洲) 중앙 출구 도보 5분 **주소** Chuo-ku Kyobashi 1-4-9

도리마부시 먹으러 긴자 카시와에 갑니다 。

색다른 야키토리동인 도리마부시를 제공하는 '긴자 카시와(銀座かしわ)'

STORY 앞에서 소개한 야키토리동 맛집 '이세히로'와 함께 색다른 야키토리동 맛을 소개해 드리고자 합니다. 바로 '도리마부시'라는 덮밥 요리입니다. '도리마부시鶏まぶし'란 쉽게 말해 '히츠마부시(50쪽 참조)'의 닭고기 버전입니다. 다양한 닭고기 요리가 있는 후쿠오카현 하카타 지방에서 탄생한 유명한 메뉴인데요. 도쿄 긴자에 있는 '카시와'에서도 퀄리티 높은 도리마부시를 먹을 수 있습니다.

MENU 우선 간단하게 '히츠마부시'에 대해 설명하자면, 히츠마부시는 일본 나고야식 장어덮밥인데 먹는 방법과 순서가 정해져 있는 게 특징이에요. 우선 나온 그대로 먹다가, 중간에 고명(와사비, 자른 대파, 김 등)을 적당히 넣어 먹고, 마지막에 다시 육수를 밥에 부어 오차즈케お茶漬け처럼 따뜻하게 먹어요. 장어 대신에 야키토리를 얹은 도리마부시도 그와 비슷해요. 육수를 부어 먹기 전에 노른자를 얹어 날달걀밥처럼 먹는 단계가 있습니다. 노른자를 얹어 먹는 도리마부시는 마치 닭고기덮밥인 '오야코동'처럼 진한 맛이에요.

도리마부시에 사용하는 야키토리는 닭가슴살, 닭다리살, 닭껍질 등에 간장 양념을 발라 굽습니다. 닭껍질은 독특한 식감 때문에 못 먹는 사람도 있을 것 같은데 여기서는 바삭하게 구워내어 거부감 없이 먹을 수 있을 거예요. 별로 기름지지도 않고요. 구운 다음 꼬치를 빼고 야키토리를 작게 잘라 얹어주어 밥과 같이 한 입에 먹기 편합니다. 야키토리는 '기슈 빈초탄紀州備長炭'이라는 고급 숯으로 굽는데, 굽다가 중간에 숯불에 기름을 좀 부어 일부러 연기를 많이 냅니다. 그래야 야키토리에 숯향이 배어 풍미가 더해지거든요.

노른자위를 얹어
'오야코동'처럼!

육수를 부어
'오차즈케'처럼!

TIP 도리마부시는 런치 한정 메뉴이고, 예약 필수입니다. 구글에서 'Ginza Kashiwa'로 검색하고 공식 홈페이지(https://ginzakashiwa.com)에서 예약하세요. 오른쪽에 있는 'WEB予約' 버튼을 누르면 예약 페이지로 연결됩니다. 예약 페이지는 일본어로 되어 있는데 브라우저의 자동 번역 기능을 사용하면 될 것 같아요.
디너 타임에는 도리마부시는 없고, 야키토리 코스 요리만 제공합니다. 도리마부시를 드시고 싶으면 꼭 런치 타임에 방문하세요.

LOCATION 가게 위치는 지하철 히가시긴자역에서 도보로 2분 거리이고, '가부키자 타워 빌딩' 바로 옆에 있는 건물 11층에 있습니다. 건물 1층에는 '覚王山フルーツ大福'라는 딸기 모찌 디저트 매장이 있어요.
가게 내부는 깔끔한 다이닝 스타일, 좌석은 카운터석과 테이블석이 있어서 예약 시 선택할 수 있습니다. 야키토리 굽는 모습을 눈앞에서 보고 싶은 분에게는 카운터석을, 좋은 뷰를 바라보면서 여유롭게 식사하고 싶은 분에게는 테이블석을 추천합니다. 세련된 분위기와 함께 데이트하기에도 좋은 맛집이에요.

건물 1층 입구

ORDER 저의 추천 메뉴는

도리마부시(鶏まぶし): ¥3,300

유형 야키토리 맛집 **상호** 긴자 카시와(銀座かしわ) **구글맵검색** ginza kashiwa **가격대** 런치 ¥3,000~, 디너 ¥10,000~ ※예약 필수(공식홈페이지 https://ginzakashiwa.com) **영업시간** 평일 런치 11:30~15:00(L.O. 13:30)/디너 17:00~23:30(L.O. 22:00), 토·일요일 일본 공휴일 런치 11:30~15:00(L.O.13:30)/디너 17:00~23:00(L.O.21:30) **휴무** 무휴 **위치** 히가시긴자(東銀座), 도쿄메트로/도에이 지하철 히가시긴자역 3번출구 도보 2분, 도쿄메트로 긴자역 A6출구 도보 5분 **주소** Chuo-ku Ginza 4-12-1 11F

오야코동 먹으러 타카하시에 갑니다。

착한 가격에 도쿄 최고의 맛!
미쉐린 야키토리집
'타카하시(たかはし)'

STORY '오야코동親子丼' 또한 일본의 대표적인 돈부리 중 하나입니다. 닭고기와 달걀물을 간장 베이스 국물에 끓여서 밥에 얹은 덮밥이에요. '오야코親子'는 '부모와 자식'이라는 뜻으로, 여기서 부모는 닭, 자식은 달걀을 가리킵니다. 닭고기와 달걀이 함께 들어가서 이런 이름이 붙었는데요. 생각해 보면 좀 잔인한 이름인 것 같지만 맛있으니까요, 뭐…. 하하.

런치 타임엔 양만 결정해서
주문하면 끝!
'오야코동 보통(¥1,100)'

오야코동은 돈부리 체인점에서도 쉽게 먹을 수 있는데요, 야키토리焼き鳥(닭꼬치)집의 메뉴로 있는 경우도 많습니다. 이번에 소개할 '타카하시'도 야키토리 맛집인데요. 이곳에서는 런치 타임에는 오야코동, 디너 타임에는 야키토리 코스를 제공합니다. 타카하시의 셰프는 약 30년간 프렌치 레스토랑에서 일했다고 해요. 디너 타임에는 야키토리와 함께 와인을 즐길 수 있답니다. 예전에 미쉐린에서 별 한 개를 받은 가게라서 디너 타임에 들어가려면 용기를 내야 할 것 같지만, 런치 타임은 진짜 캐주얼한 분위기라서 걱정 안 하셔도 됩니다. 런치 타임은 예약할 필요 없고, 혼밥도 가능합니다.

MENU 정식 상호는 '기타로 샤모 스미비야키토리 타카하시ぎたろう軍鶏 炭火焼鳥 たかはし'입니다. 가게 이름에서 샤모軍鶏란 원래 투계(싸움닭)용으로 사육된 닭인데 품종을 개량해 식용으로 유통하게 되었어요. 일본인은 고기도 부드러운 식감을 선호하는 경향이 강한데 샤모는 적당히 탄력이 있고 씹는 맛이 좋은 게 특징이에요.
이곳의 오야코동은 먼저 닭고기를 숯불에 야키토리처럼 구운 뒤, 양파 또는 달걀과 함께 고기를 육수에 넣어 익힙니다. 그래서 숯불 향을 느낄 수 있습니다. 달걀은 반숙에 가까운 정도로 살짝만 익힌 상태로 나옵니다. 신선한 날달걀을 사용하기 때문에 비린내는 전혀 없어요.
런치 메뉴는 오야코동뿐이고 야키토리는 팔지 않습니다. 메뉴가 하나뿐이기 때문에 손님이 자리에 앉으면 직원이 "후츠우普通(보통)? 오오모리大盛(곱빼기)?"라고 오야코동의 양만 확인합니다. 보통은 1,100엔, 곱빼기는 1,300엔. 일본 역시 물가 상승 중인데 2023년에 딱 100엔만 올려 이 가격이 되었습니다. 미쉐린에서 별을 받은 집인데 너무나 양심적인 가격이네요.

녹색 용기(朝倉山椒)가 초피가루,
빨간색 용기(極上七味)가 고춧가루

건물 1층 입구

TIP 이곳의 오야코동은 간이 그리 세지 않습니다. 먼저 닭고기와 달걀 맛을 즐긴 다음에 테이블에 있는 시치미七味(일본 고춧가루)와 산쇼山椒(초피가루)로 맛을 조절해 보세요. 산쇼는 맛이 독특하니 혹시 익숙하지 않다면 한 번에 많이 넣지 마세요. 이곳의 산쇼는 과일 향이 느껴지는 상쾌한 맛입니다.

LOCATION 가게는 JR야마노테선 고탄다역 서쪽 출구 2분 거리에 자리한 상업시설의 2층에 있습니다. 입구를 찾기 어려울 수 있으니 옆 사진을 참고하세요.
오야코동을 드시려면 런치 타임에 방문하는 걸 추천합니다. 런치 타임은 오전 11시 30분~오후 1시 30분, 재료 소진 시 바로 문을 닫으니 서둘러 가는 게 좋아요. 디너는 예약 필수입니다.

ORDER 저의 추천 메뉴는
오야코동(親子丼)
보통(普通, 후츠우): ¥1,100
곱빼기(大盛, 오오모리): ¥1,300

유형 야키토리 맛집 **상호** 기타로 샤모 스미비야키토리 타카하시(ぎたろう軍鶏 炭火焼鳥 たかはし) **구글맵검색** yakitori takahashi gotanda **가격대** 런치 ¥1,000~, 디너 ¥10,000~ **웨이팅** ⊖⊖⊖ **영업시간** 런치 화·목·금요일 11:30~13:45(L.O. 13:30) ※수·금요일 런치 휴무 디너 1부 17:00~20:00(L.O. 19:30) 2부 20:00~22:00(L.O. 21:30) ※디너는 예약 필수(전화: +813-5436-9677 일본어) **휴무** 일·월요일 **위치** 고탄다(五反田). JR야마노테선 고탄다역 서쪽 출구 도보 2분 **주소** Shinagawa-ku Nishigotanda 1-7-1 2F

로스트비프동 먹으러 니쿠토모에 갑니다 。

한때 열풍을 일으켰던 로스트비프!
이제 체인점 말고 니혼바시 맛집
'니쿠토모(肉友)'에서 드셔보세요!

STORY 이 장에서는 일본의 주요 돈부리를 골고루 소개하고 있는데요, 사실 로스트비프동 맛집이 많지 않았습니다. 그런데 2016년쯤 '레드락'이라는 로스트비프동 체인점이 크게 인기를 얻으면서 많은 한국인 여행객이 찾아갔던 것 같더라고요. 혹시 한국인들에게는 로스트비프를 덮밥 스타일로 먹는 게 색다르게 보여서 관심을 끌어낸 것이었을까요? 열풍은 잦아들었지만 개인적으로 추천할 만한 로스트비프동 맛집을 알려드리겠습니다. 니혼바시에 위치한 창작 고깃집 '니쿠토모'입니다.

따뜻한 로스트비프가 한가득!
'로스트비프동(¥2,500)'

MENU 로스트비프는 고깃덩어리를 오븐에서 조리한 영국 요리예요. 일본에선 백화점 지하 식품매장 같은 곳에서 파는 대중적인 음식이랍니다. 가정에서도 저온 조리기를 사용해 만들어 먹을 수 있습니다(60℃ 정도로 2~3시간 가열하는데 어렵지 않다고 하네요). 일본에서는 차게 먹는 경우도 많고, 자른 생양파와 같이 폰즈ポン酢(감귤류 과즙을 넣은 새콤한 간장 조미료)를 뿌려서 먹기도 합니다.

니쿠토모의 로스트비프동은 따뜻한 고기가 밥 위에 푸짐하게 얹어 나옵니다. 부드러운 부위와 씹히는 맛이 좋은 부위를 각각 즐길 수 있습니다. 로스트비프는 육질이 좀 질긴 경우도 있는데 이곳의 로스트비프동은 식감까지 잘 조절하여 만드는 것 같습니다. 로스트비프동은 고기와 밥에 새콤달콤한 소스가 뿌려져 있습니다. 토핑 조미료로 와사비, 칠리 머스터드와 함께 로스트비프 소스(추가용)도 나오니 취향에 맞게 맛을 조절해 보세요.

세트로 샐러드, 수프, 피클까지 합해서 가격이 2,500엔. 샐러드와 수프는 리필 가능합니다. 물론 체인점에서 먹는 것보다는 비싸지만 저는 그만큼 가치가 있는 메뉴라고 생각합니다.

TIP 로스트비프동은 런치 한정 메뉴입니다. 디너 타임에는 코스 요리만 제공합니다. 로스트비프동을 드시려면 꼭 런치 타임에 방문하세요.

LOCATION 가게가 구석진 골목에 있으니 구글맵으로 위치를 잘 확인하고 찾아가세요. JR 간다역·신니혼바시역, 도쿄메트로 미쓰코시마에역, 각 역에서 도보로 5분 거리입니다. 개인적으로는 도쿄역 니혼바시 출구(혹은 야에스 북쪽 출구)로 나와 걸어가는 것도 좋아합니다(도쿄역에서는 도보로 12분 정도 소요). 도쿄역에서 니쿠토모가 있는 니혼바시 동네 방면으로 걸어가다 보면 일본은행(Bank of Japan, 중앙은행) 등 오랜 역사를 간직한 건물이나 거리를 볼 수 있어요. 산책이나 동네 구경할 겸 걸어가는 것도 재미가 쏠쏠할 거예요.

니쿠토모 입구에는 '니쿠토모肉友'라고 적힌 간판이 없고, '29'라는 숫자만 적혀 있어요. '29'는 일본어로 '니に(2) 쿠く(9)'라고 읽는데요. '니쿠にく'는 '고기'를 의미하는 발음과 같거든요. 외국인들에게는 이해하기 어렵겠지만, 센스 있는 간판인 것 같아요. 조금 복잡할 수 있으니 입구 사진을 참고해서 찾아가세요.

ORDER 저의 추천 메뉴는

로스트비프동(ローストビーフ丼): ¥2,500

유형 창작 고깃집 **상호** 니쿠토모(肉友) **구글맵검색** nikutomo **가격대** ¥2,500 **웨이팅** ㊀ **영업시간** 런치 11:30~14:00(L.O. 13:30), 디너 17:30~23:00(L.O. 22:30) ※로스트비프동은 런치 한정 메뉴 **휴무** 일요일, 마지막 주 토요일 **위치** 니혼바시(日本橋), JR야마노테선 간다역 남쪽 출구 도보 5분, JR소부혼센 신니혼바시역 2번출구 도보 5분, 도쿄메트로 미쓰코시마에역 A8출구 도보 5분, JR도쿄역 니혼바시 출구(야에스 북쪽 출구) 도보 12분 **주소** Chuo-ku Nihonbashi Hongokucho 3-2-5

히츠마부시 먹으러 우나후지에 갑니다 。

장어 격전지 나고야에서 인기를 끈
'우나후지(うな富士)'의 도쿄 진출!

순서에 따라 먹는 방법이 달라지는 '간을 얹은 상 히츠마부시(¥7,210)' 수량 한정!

STORY 일본에는 장어가 맛있기로 유명한 지역이 몇 군데 있는데요, 가장 치열한 장어 격전지는 아이치현 나고야입니다. 나고야에는 창업 100년 이상의 노포 장어 맛집이 많아요. 이번에 소개할 '우나후지'는 일본 최대 맛집 리뷰 사이트 '타베로그'의 나고야 장어 부문에서 가장 평가가 높아요. 우나후지는 일본 각지는 물론이고 해외에서도 '노렌와케 暖簾分け(본점에서 장인에게 사사한 후 그 기술과 일부 상호를 나눠받는 일본 전통 체인점 시스템)' 요청을 많이 받았지만 거절해 왔다고 합니다. 2020년이 되어서야 겨우 만족스럽게 준비가 되어, 도쿄 '히비야 OKUROJI'라는 곳에 분점을 오픈하게 되었습니다.

저는 이곳의 나고야식 장어덮밥인 '히츠마부시 ひつまぶし'를 정말 좋아합니다. 히츠마부시는 장어덮밥과 함께 고명(와사비, 자른 대파 등), 뜨거운 다시 국물이 함께 나오는 음식으로, 먹는 방법과 순서가 정해져 있는 게 특징입니다.

MENU 우나후지에서 사용하는 장어는 아주 희귀한 '아오우나기青鰻'라는 종류입니다. 아오우나기는 일본 장어 중 20% 정도에 그쳐 '환상의 장어'라고도 불립니다. 사실 일반적인 장어와 품종이 다른 건 아니며, 등 부분이 청록색을 띠고 있어 아오우나기라는 이름을 얻었습니다. 아오우나기는 살이 두툼하고 마블링이 좋으며 맛이 각별합니다. 우나후지에서는 이 아오우나기 중에서도 특히 큰 사이즈만 내놓는데 1000℃가 넘는 초고온 숯불에서 구워낸다고 해요.

가격은 '상 히츠마부시上ひつまぶし'가 5,650엔, '간을 얹은 상 히츠마부시肝入りひつまぶし'가 7,210엔, '특상 히츠마부시特上ひつまぶし'가 8,150엔, '간을 얹은 특상 히츠마부시肝入り特上ひつまぶし'가 9,710엔입니다. 상上보다 특상特上이 장어 양이 더 많습니다. 희귀한 장어를 사용하는 메뉴라 비싼 편인데 저는 가격만큼 가치가 있다고 생각합니다.

TIP 히츠마부시는 먹는 순서가 세 단계로 나눠져 있어요. ① 메뉴가 나온 그대로 먹다가 → ② 중간에 고명(와사비, 자른 대파 등)을 적당히 넣어 먹고 → ③ 마지막으로 함께 나오는 육수를 부어 '오차즈케'처럼 드셔보세요.* 이곳의 장어는 유독 기름져서 와사비나 육수를 넣어 먹으면 끝까지 맛있게 먹을 수 있을 겁니다.

LOCATION 가게는 2020년 오픈한 '히비야 OKUROJI' 안에 있어요. 히비야 OKUROJI는 JR 유라쿠초역과 신바시역 사이의 고가 밑에 생긴 먹자골목으로, 일본 전국의 진정한 맛집들이 모여 있습니다. 우나후지 유라쿠초점은 오전 11시부터 밤 10시까지 브레이크타임 없이 영업을 하니(라스트 오더는 9시), 언제든 식사가 가능합니다.
2023년 도쿄역 야에스 출구에 오픈한 복합시설, '도쿄 미드타운 야에스'에도 분점이 입주해 있습니다(구글맵검색: unafuji yaesu). 야에스점은 손님이 너무 많으니 유라쿠초점을 추천합니다.

ORDER **저의 추천 메뉴는**
간을 얹은 상 히츠마부시(肝入り上ひつまぶし, 키모이리 조 히츠마부시): ¥7,210
상 우나쥬(上うな重): ¥5,650** ※ 히츠마부시와 달리 먹는 단계가 나눠져 있지 않은 장어덮밥입니다.

유형 장어 맛집 **상호** 우나후지 유라쿠초점(うな富士 有楽町店) **구글맵** unafuji yurakucho **가격대** ¥5,000~ **웨이팅** ㊀㊀ **영업시간** 11:00~22:00(L.O. 21:00) **휴무** 상업시설 히비야 OKUROJI와 동일 **위치** 히비야(日比谷), JR유라쿠초역 히비야 출구 도보 6분, JR신바시역 히비야 출구 도보 6분 **주소** Chiyoda-ku Uchisaiwaicho 1-7-1 Hibiya OKUROJI H12

카이센동 먹으러 미코쇼쿠도에 갑니다 。

서서 먹는 카이센동집
'미코쇼쿠도(みこ食堂)'

STORY '카이센동海鮮丼'은 회와 해산물을 얹은 덮밥인데요, 카이센동이라는 일본어가 한국에서 그대로 통할 만큼 인지도와 인기가 급격히 높아진 것 같아요. 저도 한국에서 카이센동을 몇 번 먹어봤어요. 그 맛과 일본 카이센동의 차이를 좀 설명해 드리자면, 우선 한국에서 맛본 카이센동은 적당히 숙성시킨 '선어'와 숙성시키지 않은 '활어'가 섞여 있었어요. 일본에서는 기본적으로 카이센동이나 스시에 활어를 쓰지 않아요.

자리마다 칸막이가 있어
편안하게 즐길 수 있는
'오늘의 미코동 대(¥2,800)'

선어만 쓰죠. 또한 한국에서 먹은 카이센동은 회 밑에 깔린 밥이 따뜻했습니다. 일본에서는 생선의 온도와 차이가 나지 않도록 밥을 사람의 체온 정도로 해서 나오거든요. 그밖에도 소소한 차이들이 있는데, 아무래도 일본 현지 음식과는 차이가 꽤 났습니다. 그래서 이번에는 한국인들에게 일본 현지의 카이센동 맛은 어떤지 알려드리고 싶다는 마음을 가득 담아, 카이센동 맛집을 소개해 보겠습니다.

개인적으로 좋아하는 카이센동 맛집이 많이 있는데, 그중 신바시 맛집 '미코쇼쿠도'를 추천할게요. 이곳은 스시를 사랑하는 도쿄의 모 IT기업 사장님이 차린 '서서 먹는 카이센동' 맛집입니다. 처음엔 취미처럼 스시집(완전 예약제)을 창업했다가 크게 성공했습니다. 지금은 신바시 주변에 스시집이나 이자카야 등을 여섯 곳이나 운영하고 있습니다. 미코쇼쿠도는 그중 하나입니다. 일본에는 서서 먹는 음식점이 많아요. 스시집, 소바집, 타치노미(서서 먹는 술집) 등. 하지만 서서 먹는 카이센동집은 없다는 아이디어에 착안해 창업했다고 해요. 자리는 칸막이가 있어 옆 손님이 보이지 않고, 조용히 먹을 수 있어요. 혼밥도 마음 편하게 즐길 수 있습니다.

MENU 그날의 선도 좋은 생선회가 골고루 얹어 나오는 '오늘의 미코동日替わりみこ丼(히가와리 미코동)'이 추천 메뉴입니다. 히가와리 미코동은 보통 사이즈를 뜻하는 '나미並'가 1,900엔, 대 사이즈를 뜻하는 '다이大'가 2,800엔입니다. '다이'가 생선회 종류도 다양하고 양도 푸짐해요. 저는 '다이'를 주문했는데 그날은 참치 붉은살, 참치 뱃살, 성게알, 연어알, 연어, 고등어, 도미 등이 골고루 얹어 나왔습니다.

사장님이 개인적으로 성게알을 특히 좋아하고, 카이센동을 제공할 때 그날 사용하는 성게알을 나무통에 들어 있는 상태로 직접 손님에게 보여줍니다.* 성게알의 산지와 판매 업체를 설명하며 좋은 재료를 쓰고 있다는 걸 보여주기 위한 것이랄까요.

사장님 본인이 도쿄 수산물시장인 도요스 시장 도매업체에 자주 다니며 업체분들과 친해지면서, 이제 시장 맛집 못지않은 카이센동을 제공할 수 있게 되었다고 합니다. 여담이지만, 매년 연초에 도요스 시장에서 큰 주목을 받는 참치 경매가 열리는데요. 2023년에 미코쇼쿠도가 속해 있는 그룹 회사가 2위에 오를 만큼 센 입찰 가격을 제안한 걸로도 유명해요.

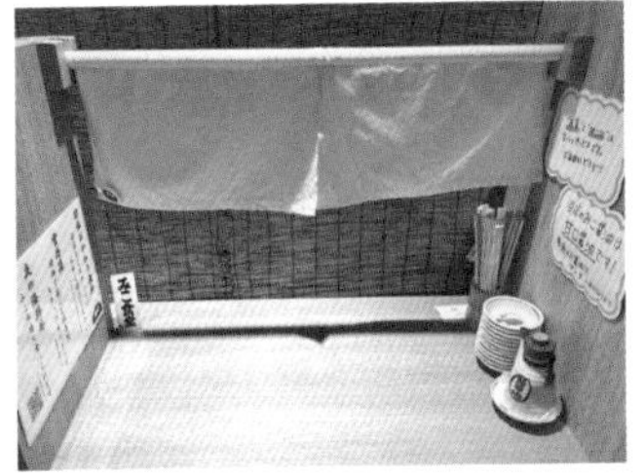

TIP 한국인들 중에는 서서 먹는 게 불편하다고 느끼는 사람들도 있겠지만, 이런 집은 어차피 먹고 바로 나가는 것이고 익숙해지면 오히려 편할 수도 있어요. 주문은 입구에 있는 자판기에서 먼저 식권을 구매하면 됩니다.

참고로 제가 갔을 때는 사장님이 주방에서 직접 카이센동을 만들고 계시더라고요. 본업은 IT기업 경영자라고 하시던데 가게에서 직접 음식을 만들기도 하는 것 같아요.

ORDER 저의 추천 메뉴는

오늘의 미코동 대(日替わりみこ丼 大, 히가와리 미코동 다이): ¥2,800

유형 서서 먹는 카이센동 맛집 **상호** 미코쇼쿠도(みこ食堂) **구글맵검색** miko shokudo shinbashi **가격대** ¥1,000~ **웨이팅** ㊀㊀ **영업시간** 런치 11:00~15:30, 디너 18:00~21:30 ※재료 소진 시 조기 마감 **휴무** 무휴 **위치** 신바시(新橋), JR신바시역 가라스모리(烏森) 출구 도보 6분 **주소** Minato-ku Higashishinbashi 2-5-11

마구로동 먹으러 우미노사치 무스코에 갑니다 。

가성비와 마블링이 좋은 마구로동
맛집 '우미노사치 무스코(海の幸 翔

STORY 도쿄 간다와 이와모토초 중간에 위치한 '우미노사치 무스코'. 런치는 참치를 메인으로 얹은 카이센동海鮮丼(회덮밥) 맛집, 디너는 해산물 이자카야로 운영을 합니다. 런치 타임의 카이센동은 도쿄 최강의 볼륨과 퀄리티라 불릴 만큼 인기가 높아요. 도쿄 최대 수산물시장인 츠키지 시장에도 먹을 만한 카이센동을 파는 집은 많지만, 이곳 우미노사치 무스코는 츠키지보다 웨이팅 시간이 짧고 가성비도 좋습니다. 이번엔 런치 수량 한정 메뉴인 마구로동マグロ丼(참치회덮밥)을 소개합니다. 마블링 좋은 참치를 좋아하거나 배부르게 먹고 싶은 분에게 추천하고 싶은 맛집입니다.

참다랑어의 각종 부위를
골고루 얹은 '마구로동(¥3,200)'
수량 한정 메뉴예요!

MENU 런치 타임은 11시 45분쯤에 시작됩니다. 오픈 전 가게 입구 옆에 '오늘의 카이센동 메뉴판'과 '참치의 산지 정보'를 적은 안내문을 붙여놓습니다. 여러 메뉴 중 참다랑어를 메인으로 얹은 마구로동을 추천합니다. 이곳의 참치는 일본 최고급의 참치 품종인 '혼마구로'를 사용하는데요, 그날그날의 산지나 참치 중량에 따라 가격이 변동됩니다. 추천하는 메뉴인 수량 한정 마구로동의 가격은 3,000~4,000엔대인 경우가 많은 것 같아요.

제가 먹은 건 시오가마산 참다랑어의 각종 부위를 골고루 얹은 덮밥이었습니다. 시오가마塩釜는 일본에서 유명한 참치 산지입니다. 3,200엔이면 비싼 편이라고 느낄 수도 있지만 최고급 혼마구로 품종 참치를 스시집에서 주문할 경우 한 피스에 1,000엔 정도 한답니다. 이곳의 마구로동은 10피스 이상의 혼마구로가 얹혀 나옵니다. 가격이 너무나 괜찮죠. 얹혀 나오는 참치회는 두텁고(일반 스시집의 1.5배 이상), 비주얼이 마치 와규 갈비살 같아요. 마블링이 좋은 참치 뱃살을 입에 가득 넣는 순간 뇌 속에 행복 물질이 전달되는 느낌이랄까요(느끼한 회를 그닥 즐겨 먹지 않는 사람에게는 잘 안 맞을 수도 있지만요).

카이센동 메뉴는 국물로 미소시루(된장국)가 세트로 나오는데요, 200엔 추가하면 '아라지루あら汁(도미나 잿방어 살을 넣은 된장국)'로 변경할 수 있어요.* 그런데 덮밥도 국물도 양이 너무 많으니 배부르게 많이 드시고 싶은 경우에만 아라지루로 변경하는 게 좋을 것 같아요(재료 상황에 따라 아라지루가 없을 때도 있어요).

TIP 앞서 말했듯, 이곳은 양이 많은 것으로 유명합니다. 1년 동안 먹을 참치의 양을 한 끼에 먹는 느낌이랄까요. 하하. 물론 맛있고 신선한 참치회를 푸짐하게 먹을 수 있는 건 좋긴 한데, 다 못 먹어서 남기는 사람도 있을 거예요. 특히 한국인의 경우, 김치 같은 반찬 없이 참치회와 밥만 먹는 것에 익숙지 않을 테니까요. 밑반찬으로 생강절임만 조금 나옵니다. 이런 점을 미리 알고 마음의 준비를 하시는 게 좋을 듯해요. 가급적 배고픈 상태로 방문하시는 걸 추천합니다.
오픈 시간(11시 45분) 20~30분 전부터 웨이팅 줄이 생깁니다. 줄 서서 기다리는 동안 가게 직원이 주문을 확인해 줘요. 수량 한정 메뉴인 마구로동을 꼭 먹고 싶으면 오픈 시간 전에 가셔야 할 거예요. 그렇다고 너무 손님이 많은 가게는 아니니까, 혹시 12시를 좀 넘어서 도착해도 오래 기다리지는 않을 거예요. 디너 타임은 해산물 요리를 제공하는 이자카야로 운영하니 마구로동, 카이센동을 먹고 싶다면 런치 타임에 방문하세요.

*

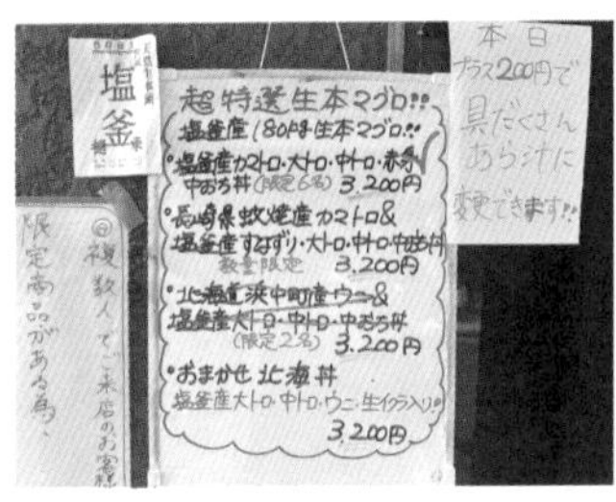

ORDER 저의 추천 메뉴는

시오가마산 참다랑어의 각종 부위를 골고루 얹은 회덮밥(塩釜産カマトロ・大トロ・中トロ・赤身・中落ち丼, 시오가마산 카마토로・오오토로・추토로・아카미・나카오치동): ¥3,200

추천 메뉴는 가게 입구 옆에 붙어 있는 메뉴판 상부, 빨간 선 안에 적혀 있는 마구로동입니다. 외국어 메뉴판은 따로 없습니다. 날마다 참치 산지와 덮밥에 얹는 부위가 바뀌고, 일본어를 읽을 수 없는 사람은 뭐가 뭔지 모를 겁니다. 그래도 주문할 때는 메뉴판의 빨간 선 안을 가리키면서 "마구로동, 오스스메(추천 메뉴)"라고 말하면 직원이 적당한 메뉴를 주실 겁니다. 직원이 매우 친절해서 그닥 걱정하지 않아도 됩니다.

유형 런치: 카이센동 맛집, 디너: 해산물 이자카야 **상호** 우미노사치 무스코(海の幸 翔) **구글맵검색** uminosachi musuko kanda **가격대** 런치 ¥2,000~4,000(현금 사용), 디너 ¥6,000~(현금 사용) **웨이팅** ⊖⊖⊖ **영업시간** 런치 11:45~14:00, 디너 18:00~23:00 ※디너 타임에는 카이센동 메뉴 없음 **휴무** 토・일요일 **위치** 간다(神田), JR간다역 동쪽 출구 도보 6분, 도에이 지하철 신주쿠선 이와모토초역 A1출구 도보 3분 **주소** Chiyoda-ku Kandahigashimatsushitacho 12

Chapter. 2

RAMEN

라멘

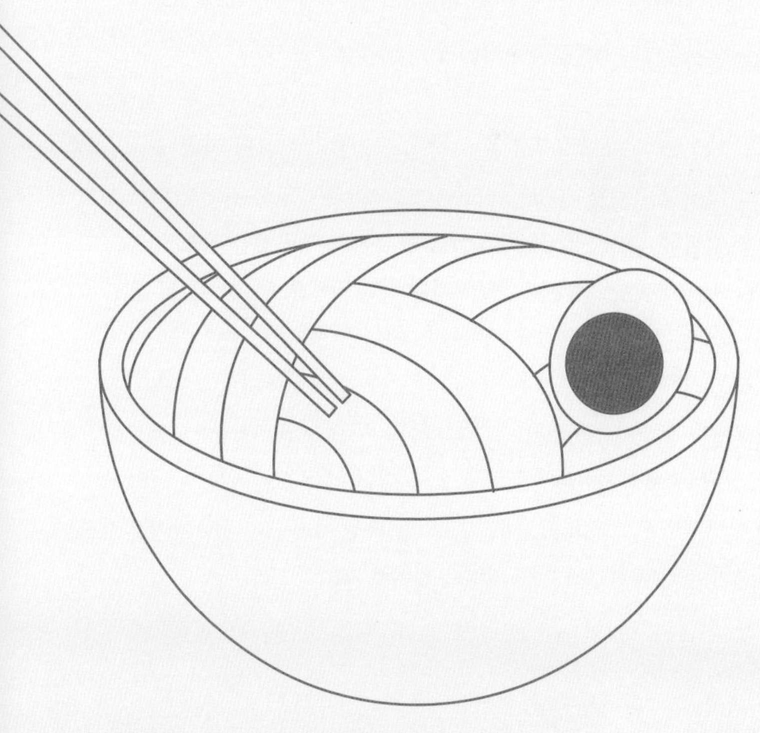

한국인에게 일본 음식을 추천할 때 가장 어려운 메뉴가 라멘ラーメン이에요. 아주 진한 국물의 라멘을 좋아한다는 한국인도 막상 일본에서 라멘을 먹어보니 국물이 너무 짜서 못 먹었다는 말을 몇 번이나 들었어요. 라멘과 관련해서 에피소드가 있는데요. 몇 년 전 일본에서 한국으로 진출한 '잇푸도 라멘'에 가본 적이 있어요. '일본의 맛 그대로'라는 돈코츠라멘이 있어서 먹어봤더니 저에게는 싱겁게 느껴지더라고요. 사실 라멘 맛은 일본에서도 지역마다 완전히 달라요. 일본 음식은 기본적으로 간이 센 편이라 라멘도 예외는 아니에요. 한국과 일본에서 여러 가지 음식을 먹어보고 비교해 봤는데 제 경험상 라멘을 먹었을 때 양국의 입맛 차이를 가장 크게 느꼈어요. 한국에서는 설렁탕 같은 음식을 먹을 때 소금이나 새우젓을 넣으면서 조금씩 간을 맞춰가는 반면, 일본은 처음부터 간이 세게 정해져 있다는 음식 문화도 큰 이유인 것 같습니다.

이 장에서는 도쿄 라멘 맛집을 소개해 드릴게요. 되도록 라멘 종류를 골고루 골라봤어요. 한국에서는 돈코츠라멘이 일본 라멘을 대표하는 것처럼 보여서 일본인으로서는 좀 신기하기도 했는데요. 돈코츠라멘은 어디까지나 규슈 후쿠오카의 로컬 라멘으로, 라멘의 한 종류랍니다. 그래서 혹시 도쿄에 오신다면 돈코츠가 아닌 라멘을 맛보시는 건 어떨까요?
도쿄에는 정말 다양한 베이스의 라멘이 있어요. 쇼유醤油(간장), 돈코츠쇼유とんこつ醤油(이에케이), 국물에 면을 찍어 먹는 츠케멘つけ麺, 얼얼한 탄탄멘担々麺, 비벼 먹는 아부라소바油そば 등 여러분도 여러 가지를 맛보며 자신의 취향에 맞는 라멘을 찾아보세요.

또, 라멘을 먹을 때 토핑도 즐겨보세요! 보통 일본 라멘은 토핑을 추가하지 않아도 '기본 토핑(차슈, 반숙란, 김, 숙주나물 등)'이 조금씩 함께 나옵니다. 그래서 굳이 토핑을 추가하지 않아도 맛있게 먹을 수 있지만, 고기를 좋아한다면 차슈 추가, 든든하게 먹고 싶다면 반숙란 추가, 이런 식으로 취향에 따라 토핑을 늘려보세요. 혹시 토핑을 골고루 푸짐하게 추가하고 싶으면 '젠부노세全部のせ(모든 토핑 증량)'를 선택해도 좋을 것 같아요. 라멘의 종류에 따라 잘 어울리는 토핑을 추가해도 좋아요. 예를 들어 저는 미소味噌(된장)라멘에는 옥수수 버터를, 돈코츠쇼유라멘에는 시금치와 김 토핑을 추가해서 먹는 걸 좋아해요. 토핑을 추가하면 그만큼 가격이 올라가지만, 토핑으로 나만의 라멘을 만드는 재미가 쏠쏠할 거예요.

쇼유라멘 먹으러 Homemade Ramen 무기나에에 갑니다 。

일본 라멘의 기본!
쇼유라멘 맛집 '무기나에(麦苗)'

STORY 일본에는 '3대 라멘'이라 불리는 라멘이 있어요. '쇼유(간장 맛)', '시오(소금 맛)', '미소(된장 맛)'입니다. 이 중 일본 라멘의 기본 중에 기본인 '쇼유라멘醤油ラーメン'은 간장 베이스 국물의 라멘을 말해요. 멸치나 닭뼈를 끓인 육수를 함께 넣고 국물을 만듭니다. 1900년대 초반 도쿄에서 출발한 쇼유라멘은 일본 라멘의 시작이기에 많은 도쿄 현지인들은 '라멘' 하면 쇼유라멘을 떠올립니다. 도쿄 토박이인 저도 유명하다는 쇼유라멘 맛집을 거의 가봤지만, 개인적으로 'Homemade Ramen 무

'쇼유라멘(¥1,250)'에
상 토핑(¥250) 추가!

기나에'의 쇼유라멘을 제일 좋아합니다. 2018년부터 6년 연속 미쉐린 '빕 그루망Bib Gourmand(합리적인 가격으로 훌륭한 음식을 먹을 수 있다고 미쉐린에서 선정한 맛집)'에 선정되어 이제 도쿄에서 제일가는 웨이팅 맛집이 되었지만… 줄 서서 기다리는 시간이 길더라도 이곳을 소개할 수밖에 없었습니다. 라멘은 무한한 가능성이 있다고 생각하는 저도 무기나에의 라멘을 먹고 나서 이보다 더 맛있는 쇼유라멘이 있을까 생각할 정도로 감동받았거든요.

MENU 무기나에 쇼유라멘은 우선 국물 말고 면부터 드셔보세요. 라멘의 핵심은 면입니다. 훌륭한 라멘집은 무조건 면이 맛있어야 하죠. 이곳에서는 직접 제면기로 면을 만든답니다. 밀가루의 풍미와 매끈한 식감을 한껏 즐길 수 있어요. 국물은 화학조미료를 전혀 쓰지 않고 전국에서 엄선한 재료들로 만듭니다. 국물이 탁하지 않고 아주 맑아요. 이런 스타일은 '단레이淡麗 쇼유라멘'이라고 불리며 2010년대부터 유행하기 시작했어요. 중독성 있는 자극적인 맛은 아니지만, 깔끔하고 깊은 감칠맛이 끝내주죠.

라멘에 토핑을 추가할 수도 있는데요, '상上토핑'은 반숙란 반 개, 완자, 김 한 장이 들어가고 '특상特上토핑'은 반숙란 한 개, 완자, 차슈, 김 두 장이 들어갑니다. 토핑 없이 기본 라멘만으로도 질리지 않을 만큼 맛있지만, 토핑 하나하나가 퀄리티가 높아서 먹어볼 만해요. 기본 메뉴는 쇼유라멘이지만 저 개인적으로는 멸치 육수 라멘인, '이리코라아いりこらぁ'도 좋아합니다. 이부키지마伊吹島라는 섬의 특산물인 멸치로 국물을 내서 해산물을 좋아하는 분들에게 추천하고 싶은 메뉴입니다.

TIP 영업시간은 오전 11시부터 오후 3시 반까지인데요, 미리 웨이팅 리스트에 이름을 적어둬야 합니다. 웨이팅리스트는 오전 9시 직전 즈음부터 접수를 해요. 인기 맛집이라 오픈 시간인 11시 전에 접수가 마감되곤 해요. 꼭 드시고 싶다면 늦어도 오전 10시까지는 방문하는 게 좋습니다. 웨이팅리스트에 방문 희망 시간과 이름을 (영어로) 적고 희망 시간에 맞춰 다시 가게로 돌아오면 됩니다. 시간이 되면 가게 직원이 이름을 불러줄 거예요.
참고로 제가 주말에 방문했을 땐 오전 8시 50분에 도착해서 9시가 되자마자 접수했는데요, 그때 벌써 오전 시간대는 만석이었어요. 가장 이른 예약 가능 시간이 오후 1시였습니다. 주말에는 특히 손님이 많으니 되도록 평일에 방문하는 게 좋아요. 당일 접수가 마감되거나 혹시 웨이팅이 취소되어 추가로 접수를 받게 되면 공식 SNS로 알려줍니다. X(구 Twitter)에서 @Akihiro_Fukaya를 팔로우하고 확인해 보세요.

바다 향 가득한
'이리코라아(¥1,200)'

가게 내부는 촬영 금지, 음식만 촬영 가능합니다. 오모리 본점 이외에 2호점 '아우무기青麦(구글맵검색 homemade ramen aomugi)', 3호점 '무기나에 COREDO무로마치점(구글맵검색 muginae coredo)'이 있지만, 본점과 메뉴가 달라요. 개인적으로 1호점인 오모리 본점을 추천하고 싶습니다.

LOCATION 가게는 JR게이힌토호쿠선 오모리역 북쪽 출구에서 도보로 10분 거리에 있습니다. 주변에 볼거리가 별로 없으니 웨이팅리스트를 작성한 뒤 방문 시간까지 오모리역에서 기다리시는 게 좋을 것 같습니다.

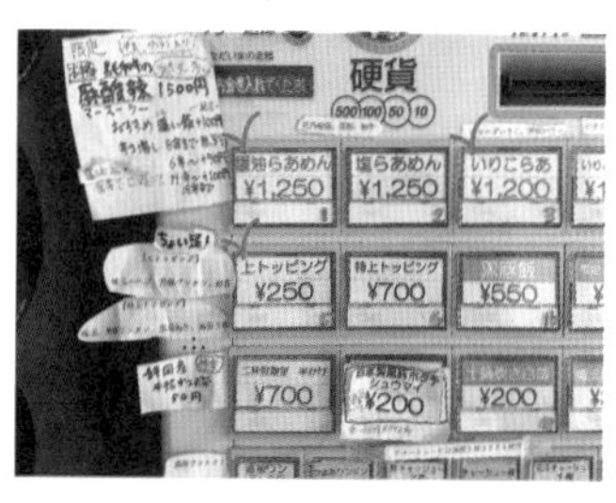

ORDER 저의 추천 메뉴는

쇼유라멘(醤油らあめん): ¥1,250 + 상 토핑(上トッピング, 조 토핑): ¥250
멸치 육수 라멘(いりこらぁ, 이리코라아): ¥1,200

유형 쇼유라멘 맛집 **상호** Homemade Ramen 무기나에(麦苗) **구글맵검색** homemade ramen muginae **가격대** ¥1,000~(현금 사용) **웨이팅** ⊖⊖⊖⊖⊖ **영업시간** 런치 11:00~15:30 ※웨이팅리스트 접수는 9:00 직전부터 **휴무** 수·목요일, 비정기 휴무 있음 **위치** 오모리(大森), JR게이힌토호쿠선 오모리역 북쪽 출구 도보 10분 **주소** Shinagawa-ku Minamiooi 6-11-10

쇼유라멘 먹으러 키라쿠에 갑니다 。

시부야 원조 라멘 맛집!
만화《고독한 미식가》의 고로상도
궁금해하던 '키라쿠(喜楽)'
喜楽
KIRIN
KIRIN

STORY 요즘은 음식점이 생겼다가 금방 없어지는 것은 드문 일이 아니죠. 저도 서울에 갈 때마다 가게가 바뀌어 있어서 좀 놀라기도 하고 아쉬워하기도 하는데요. 도쿄도 마찬가지여서 시부야처럼 핫한 곳에서는 오랫동안 영업하는 가게가 많지 않습니다. 그런 시부야의 중심지에서 70년 이상 영업하며 현지인의 사랑을 받는 라멘 맛집이 바로 '키라쿠'입니다. 저는 학생 시절에 자주 다녔었는데 최근에 오랜만에 다녀왔어요. 인기는 여전한 것 같았습니다. 사실 키라쿠는 한국에서도 인기 있는 만화《고독한 미식가》에도 잠깐 나오는데요. 주인공 고로상이 줄 서기 싫어서 들어가기를 포기한 맛집이기도 해요.

쇼유 베이스의 국물에 숙주와
중국식 만두인 완탕이 듬뿍
들어 있는 '숙주나물과 완탕라멘
(¥1,050)'!

MENU 키라쿠의 라멘은 쇼유(간장) 베이스인데 참기름의 일종인 고소한 향유香油와 튀긴 파가 들어 있어요. 지금은 일본에 이런 스타일의 라멘이 많은데요, 이 집이 원조라고 합니다. 이곳의 쇼유 베이스 라멘 중 제일 잘나가는 메뉴는 '모야시 완탄멘もやしワンタン麺(숙주나물과 완탕라멘)'이에요. 앞서 소개한 'Homemade Ramen 무기나에'의 라멘이 모던한 쇼유라멘이라면, 이곳 키라쿠의 라멘은 동네 중국집에서 파는 전통적인 쇼유라멘이라고 할 수 있습니다. 메뉴 중에는 차슈멘도 있는데 차슈가 제 취향에는 조금 딱딱해서 완탄멘을 추천하고 싶어요.

LOCATION 키라쿠는 시부야 109빌딩에서 도겐자카道玄坂를 300미터 정도 올라간 골목에 있습니다. 도겐자카 지역은 시부야를 상징하는 번화가인데, 예전에는 유흥업소와 모텔이 많아서 이미지가 안 좋았었죠. 지금은 치안도 좋아지고 맛집이 많은 지역으로 알려지고 있어요.

中　華　麺　800円
もやし麺　900円
チャーシュー麺　1,000円
ワンタン麺　950円
もやしワンタン麺　1,050円
チャーシューワンタン麺　1,150円
ワンタン　800円
もやしワンタン　1,000円
チャーシューワンタン　1,000円
五目ワンタン　1,000円
御飯の部
炒　飯　850円
中　華　丼　850円
餃子ライス　750円
タンメン　900円
五　目　麺　1,000円
五目ワンタン麺　1,150円
冷　麺　1,000円
炒　麺　950円
料理の部
焼き餃子　550円
やきぶた　650円
肉ニラ　700円
肉ヤサイ　650円
肉もやし　650円
ピータン　350円
ライス　200円

ORDER **저의 추천 메뉴는**

숙주나물과 완탕라멘(もやしワンタン麵, 모야시 완탄멘): ¥1,050

유형 라멘, 중국요리 맛집　**상호** 키라쿠(喜楽)　**구글맵검색** chuka kiraku shibuya　**가격대** ¥1,000~(현금 사용)　**웨이팅** ⊖⊖⊖　**영업시간** 11:30~20:30　**휴무** 수요일　**위치** 시부야(渋谷), JR시부야역 하치코(ハチ公) 출구 도보 6분　**주소** Shibuya-ku Dogenzaka 2-17-6

TOKYO GOURMET TOUR / RAMEN / 03

돈코츠쇼유라멘 먹으러 히이키에 갑니다 。

돈코츠쇼유라멘에
도전하고 싶다면
'히이키(飛粋)'에서!

STORY 돈코츠쇼유라멘豚骨醤油ラーメン은 돈코츠(돼지 뼈를 고아 만든 육수)와 쇼유(간장)를 합친 국물의 라멘을 말해요. 굵은 면발에 시금치, 김, 차슈 등의 토핑이 올라가는 것이 특징입니다. 이 라멘은 중독성이 강해서 아마 지금까지 제 인생에서 가장 많이 먹은 라멘이라고 해도 지나치지 않을 거예요. 라멘 마니아들 사이에서는 '이에케이라멘家系ラーメン'이라고도 불리는데요. 1974년 요코하마에서 창업한 '요시무라야吉村家'라는 가게가 원조입니다. 가게 이름에서 '家'라는 한자를 일본어로 '이에'라고 읽어서 '이에케이라멘'이라고 불리게 되었다고 해요. 일본에서는 '○○家'라는 상호의 이에케이라멘집을 많이 볼 수 있습니다. 이에케이라멘집의 라멘은 전부 돈코츠쇼유라멘이라고 생각하시면 됩니다.

돈코츠쇼유라멘은 '쇼유라멘'의 일종이라기보다 별도의 라멘 장르입니다. 현재 일본에는 1,000곳 이상의 돈코츠쇼유라멘집이 있다고 해요. 그만큼 현지에선 인기가 굉장한 라멘이지만… 한국에는 돈코츠쇼유라멘을 파는 가게가 별로 없어서인지, 아직 한국인에게는 익숙하지 않은 맛인 것 같아요. 앞서 말씀드린 '한일 간 입맛 차이가 가장 큰 라멘'이 바로 돈코츠쇼유라멘입니다. 그렇지만 이곳이라면 한국인들도 맛있게 드실 수 있지 않을까 싶어 돈코츠쇼유라멘 맛집 '히이키'를 소개해 드리려고 합니다.

MENU 일반적으로 돈코츠쇼유라멘은 진하고 짜고 기름져서 먹기 부담스럽기도 합니다. 그래서인지 돈코츠쇼유라멘집의 주요 고객층은 젊은 남성들이에요. 또, 단골손님들의 주문呪文 같은 주문注文 방법과 일사불란하게 먹고 가는 분위기에 주눅 들어 초보자는 들어가기 주저하는 경우도 적지 않습니다. 그런 기존 이미지에 변화를 주고자 히이키는 맛과 가게 분위기를 바꾸려고 노력했습니다.

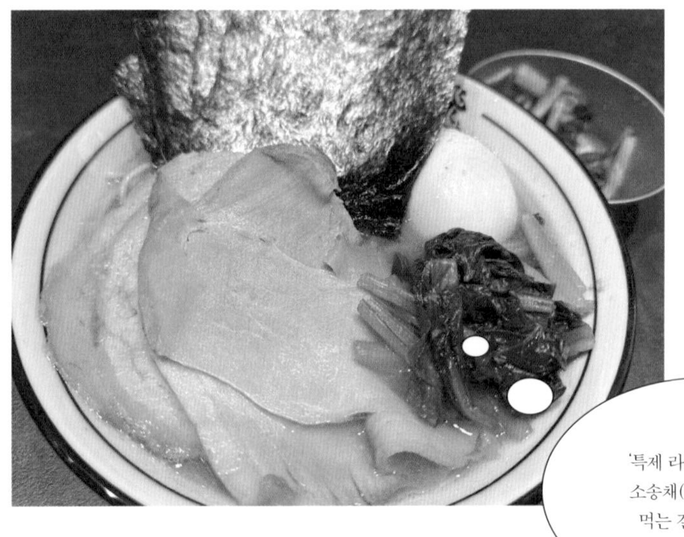

'특제 라멘(¥1,300)'에
소송채(¥200)를 함께
먹는 걸 추천해요!

이곳의 라멘은 돼지 뼈 육수의 향이 강하지 않고, 간장 맛도 그리 짜지 않아요. 하지만 돈코츠쇼유 본래의 감칠맛은 살아 있습니다. 국물 표면은 부드러운 닭기름으로 살짝 덮어, 금색에 가까운 색을 띠어요. 단순히 맛을 연하게 한 것만은 아니기 때문에 일본 현지 돈코츠쇼유라멘 마니아도 초심자도 모두 만족하는 맛입니다. 그래서 히이키의 맛이라면 한국인들도 맛있게 드시지 않을까 궁금해집니다.

추천 메뉴는 특제 라멘特製ラーメン(토쿠세이라멘)입니다. 특제 라멘의 토핑으로는 앞다리살 차슈와 삼겹살 차슈 한 장씩, 그리고 반숙란, 김, 소송채(고마츠나, 일본 요리에 자주 쓰이는 나물)가 나와요. 씹는 식감이 좋은 앞다리살과 비계까지 맛있는 삼겹살로 만든 두 가지 차슈를 비교하면서 맛보는 재미가 있어요. 소송채 기본 토핑은 양이 적어서 저는 따로 추가를 하는 편이에요. 일반적으로 돈코츠쇼유라멘의 기본 토핑은 시금치이지만 히이키에서는 시금치 대신 소송채를 사용합니다.

TIP 돈코츠쇼유라멘집에서는 주문할 때 국물맛(짠 정도), 면의 익힘 정도, 기름의 양을 조절할 수 있어요. 이렇게 말하면 됩니다.

국물맛 진하게, 짜게: 코이메こいめ 국물맛 연하게, 덜 짜게: 우스메うすめ
면발 딱딱하게: 카타메かため 면발 부드럽게: 야와라카메やわらかめ
기름 많이: 아부라 오오메油多め 기름 적게: 아부라 스쿠나메油少なめ

한국인들은 일본 현지 라멘 맛을 굉장히 짜게 느낄 수도 있기 때문에 혹시 돈코츠쇼유라멘이 처음이라면 맛을 연하게(우스메)로 주문해 보세요. 저처럼 소송채 토핑을 추가하는 경우, 국물의 염도가 낮아지니 굳이 맛을 연하게 할 필요는 없습니다.

저는 주문할 때 "코이메, 카타메, 스쿠나메(짜게, 딱딱하게, 기름 적게)" 라고 한 번에 이어서 말합니다. 혹시 복잡해서 말하기 어렵다면 그냥 '후츠우ふつう(보통)'라고 말하면 돼요.

웨이팅이 긴 맛집이라 시간 여유를 가지고 방문하는 걸 추천합니다. 가게는 오전 11시 오픈인데요, 그때부터 30~40명씩 줄이 서 있어요. 하지만 회전율이 빨라서 피크 타임에도 웨이팅이 한 시간을 넘지는 않을 거예요.

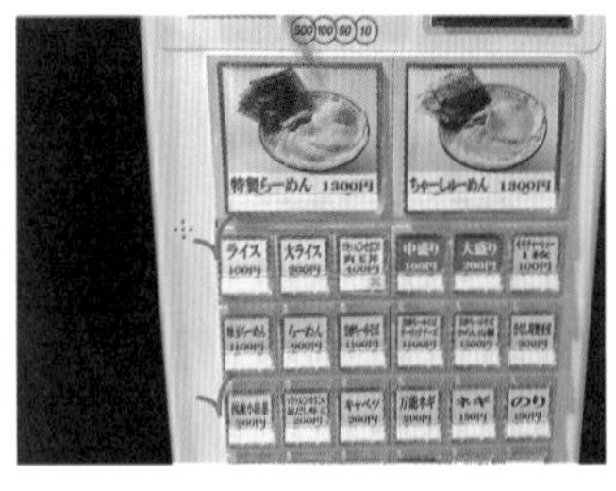

ORDER 저의 추천 메뉴는

특제 라멘(特製らーめん, 토쿠세이라멘): ¥1,300

소송채(国産小松菜, 고마츠나): ¥200

유형 돈코츠쇼유라멘 맛집 **상호** 히이키(飛粋) **구글맵검색** hiiki kamata **가격대** ¥1,000~ **웨이팅** ⊖⊖⊖⊖ **영업시간** 평일 런치 11:00~16:00, 디너 17:00~21:00 / 토요일·일본 공휴일 11:00~20:00 **휴무** 일요일 **위치** 가마타(蒲田). JR게이힌토호쿠선 가마타역 동쪽 출구 도보 3분 **주소** Ota-ku Kamata 5-2-5

탄탄멘 먹으러 Okudo 도쿄에 갑니다。

도쿄 현지인들이
사랑하는 탄탄멘 맛집
'Okudo 도쿄(Okudo 東京)'

STORY 일본에도 얼큰한 라멘들이 있는데 그중 가장 대중적인 것이 '탄탄멘担々麺'입니다. 탄탄멘은 중국 쓰촨성에서 들어온 매운 라멘으로, 일본인의 입맛에 잘 맞아서 즐겨 먹는 음식이 되었어요. 'Okudo 도쿄'는 탄탄멘 맛집으로 유명한데 다른 요리들(사천식 중국요리)도 맛있다고 소문난 가게이기도 합니다. 혼자 점심을 먹기에도 불편하지 않고, 저녁에는 술과 함께 중국요리를 먹어봐도 좋을 것 같아요.

얼큰하고 시원한 맛의 국물과
살아 있는 면발의 절묘한 만남!
'탄탄멘(¥850)'

MENU 보통 일본에서 먹을 수 있는 탄탄멘은 크리미한 참깨 페이스트 베이스의 국물이 많아요. 그 국물에는 라유辣油(고추기름)나 마유麻油(익힌 마늘로 만든 기름), 화자오花椒 등의 자극적인 향신료가 들어 있습니다. 그런데 Okudo 도쿄의 탄탄멘 스타일은 좀 달라요. 참깨가 많이 들어 있지만 페이스트 같지는 않아요. 국물은 라유 베이스에 간장도 좀 넣은 듯합니다. 보기에는 아주 매워 보이는데 생각보다 맵지 않고 적당히 간간해요(한국인이 일본에서 현지 음식을 먹을 때 아주 매운맛을 기대했다가 실망하는 경우가 많은 것 같아요. 또 중국식 조미료인 마유나 화자오의 자극에 익숙지 않은 분들은 드실 때 그 점은 좀 주의가 필요하죠).

이곳의 탄탄멘은 국물도 맛있지만 개인적으로 주인공은 면이라고 생각합니다. 탱탱한 식감의 면발뿐 아니라 밀가루의 풍미도 아주 좋아요. 그 면발과 시원한 국물, 그리고 유일한 토핑인 다진 고기가 잘 어우러져 최고의 맛을 냅니다. 일본 라멘집에서는 여러 가지 토핑을 추가할 수 있는데 여기는 추가 토핑이 없어요. 탄탄멘 자체에 대한 자부심을 보여준달까요. 다른 토핑이 없는 것이 오히려 음식의 완성도를 높이고 깔끔한 인상을 줍니다. 그런데 이 탄탄멘의 가격이 850엔이라니!(저녁에는 950엔) 만족스러운 탄탄멘을 저렴하게 주는 가게 주인에게 박수를 보냅니다. 참고로, Okudo 도쿄는 2018년 이 책을 처음 출간한 당시 맛집들 중에서 독자분들이 "진짜 맛있었습니다!"라고 가장 많이 반응해 주신 곳이기도 합니다. 한국인들의 입맛에도 잘 맞는 것 같아요.

TIP 본점은 신주쿠교엔에 있는데, 아라키쵸에 분점이 새로 생겼습니다(구글맵검색 Okudo tokyo arakicho). 아라키쵸점은 자리도 많고 웨이팅도 거의 없어요.

ORDER 저의 추천 메뉴는

탄탄멘(担々麺): ¥850

유형 사천요리 맛집 **상호** Okudo 도쿄(Okudo 東京) **구글맵검색** okudo tokyo **가격대** ~¥1,000(현금 사용) **웨이팅** ⊖⊖ **영업시간** 평일 런치 11:30~14:00, 평일·토요일 디너 17:30~22:00(L.O. 21:00) ※토요일 런치 휴무 **휴무** 일요일, 일본 공휴일 **위치** 신주쿠교엔(新宿御苑), 도쿄메트로 마루노우치선 신주쿠교엔마에역 3번출구 도보 5분 **주소** Shinjuku-ku, Shinjuku, 1-15-14

국물 없는 탄탄멘 먹으러 아운에 갑니다.

도쿄 탄탄멘 맛집 랭킹 상위권을
지키고 있는 '아운(阿吽)'

STORY 탄탄멘은 일본인들이 즐겨 먹는 대표적인 중국요리 메뉴 중 하나였는데요. 최근에는 국물 없는 탄탄멘인 '츠유나시 탄탄멘つゆ無し担々麵'이 더 인기가 많아진 것 같아요. 본고장인 중국 쓰촨성에서는 국물이 없는 탄탄멘이 원조였다는 얘기도 들은 적 있습니다. 아무튼 예전에 제가 '아운'에 자주 다녔을 때는 국물 없는 탄탄멘이 도쿄에서 유행하지 않았을 때였고, 아운 또한 그렇게 인기가 많은 가게가 아니었는데 이제는 도쿄 탄탄멘 맛집 랭킹에서 계속 상위권을 지키고 있는 맛집이라고 해요. 그래서 항상 오래 기다려야 합니다.

추천 메뉴인 '검은깨 츠유나시 탄탄멘(¥1,050)'. 검은깨가 들어가 있어서 짜장면처럼 보이기도 해요.

MENU 인기 메뉴인 '검은깨 츠유나시 탄탄멘黒つゆ無し担々麺(쿠로츠유나시 탄탄멘)'은 면을 비벼놓으면 짜장면처럼 생겼어요. 물론 맛을 보면 분명 탄탄멘입니다. 면은 우동 면처럼 굵은데 양념과 잘 어울려서 좋아요. 여기는 탄탄멘 전문점이어서 국물이 있는 탄탄멘도 있는데, 국물 없는 탄탄멘 인기가 더 많은 것 같습니다.
주문할 때는 탄탄멘의 맵기를 1~6단계 중에서 선택할 수 있고, 산쇼山椒(초피가루)의 양도 선택할 수 있어요. 식권자판기에 0~3, 4~5, 6단계로 버튼이 나뉘어 있어요. 예를 들어 매운맛 3단계를 원한다면, '0~3단계' 버튼을 누르고 식권이 나오면 그걸 직원에게 건네주면서 정확한 단계를 얘기해 줘야 해요. 이때 산쇼 단계도 함께 말해줍니다. 일본어로 매운맛은 '카라사辛さ', 얼얼한 맛은 '산쇼'예요. 그러니까 "카라사 3, 산쇼 1"이라고 하면 되겠죠. 주문할 때 필요한 일본어 숫자 발음을 알려드릴게요.

0: 제로ぜろ 1: 이치いち 2: 니に 3: 산さん
4: 용よん 5: 고ご 6: 로쿠ろく

참고로 산쇼 단계는 매운맛 단계와 상관없이 선택할 수 있답니다. 매운맛 6, 산쇼 0도 선택할 수 있어요. 제가 아는 한국인 친구들은 매운맛(고추 등)은 좋아하는데 산쇼에는 익숙하지 않은 경우가 많더라고요. 매운맛과 산쇼의 기본 단계가 '3'이라는 점을 고려해서 선택하시면 좋을 듯합니다. 가게에서는 '매운맛 3, 산쇼 2'를 추천합니다. 마일드하게 먹고 싶다면 추가로 반숙란을 주문해 보세요.

TIP 본점으로 아사쿠사점(구글맵검색 aun asakusa), 마루노우치점(구글맵검색 aun marunouchi)이 있습니다. 저 개인적으로는 유시마 본점이 제일 맛있습니다.

ORDER 저의 추천 메뉴는

검은깨 국물 없는 탄탄멘(黒つゆ無し担々麺, 쿠로츠유나시 탄탄멘): ¥1,050
국물 없는 탄탄멘(つゆ無し担々麺, 츠유나시 탄탄멘): ¥1,050
반숙란 토핑(温泉玉子, 온센타마고): ¥120

유형 탄탄멘 전문점 **상호** 탄탄멘 아운(阿吽) **구글맵검색** aun yushima **가격대** ~¥1,000(현금 사용) **웨이팅** ⊖⊖⊖ **영업시간** 런치 11:00~14:30, 디너 17:30~21:00 / 토요일 런치 11:00~15:00, 디너 17:30~21:00 / 일요일, 일본 공휴일 런치 11:00~15:00, 디너 17:30~20:30 ※재료 소진 시 조기 마감 **휴무** 화요일, 화요일이 일본 공휴일인 경우 영업하고 수요일 휴무 **위치** 유시마(湯島), 도쿄메트로 치요다선 유시마역 5번출구 도보 2분, 도쿄메트로 긴자선 우에노히로코지역 A4출구 도보 5분, 도에이 지하철 오에도선 우에노아카치마치 A3출구 도보 5분 **주소** Bunkyo-ku Yushima 3-25-11

츠케멘 먹으러 마츠도 토미타멘 키즈나에 갑니다。

'라멘의 신'의 제자가 개발한 츠케멘을 맛볼 수 있는 '마츠도 토미타멘 키즈나(松戸富田麵絆)'

STORY '츠케멘つけ麵'은 국물에 면을 찍어 먹는 라멘을 말합니다. 1961년 창업한 라멘 맛집 '히가시이케부쿠로 타이쇼켄東池袋大勝軒'에서 개발한 메뉴입니다. 가게 영업이 끝난 후 직원 식사용으로 남은 면에 라멘 국물을 찍어 먹던 게 츠케멘의 시작이었다고 해요. 이런 메뉴가 일본에서 인기를 얻자 각지에 타이쇼켄식 츠케멘 맛집이 생겨났습니다. 원래 국물맛은 시큼한 간장 베이스였지만, 시간이 지나면서 스타일이 많이 다양해졌어요. 그러다 2000년대 중반에 대유행을 한 것이 진한 국물에 우동만큼 굵은 면을 찍어 먹는 스타일입니다. 치바현 마츠도松戸에 있는 '토미타'가 그런 츠케멘을 파는 대표 맛집 중 하나인데요. 토미타가 도쿄로 진출해 분점 영업을 시작한 '마츠도 토미타멘 키즈나'를 소개할까 합니다.

각종 토핑을 듬뿍 올린 면의 양 200g인 '토핑 전부 추가한 진한 츠케멘 보통(¥1,770)'

MENU 토미타식 츠케멘의 특징은 뭐니 뭐니 해도 굵은 면발입니다. 면은 엄선한 밀가루 몇 종류를 섞어 반죽해 단맛과 적당한 찰기가 느껴져요. 그래야 진한 국물에 찍어도 면 자체의 풍미를 잘 느낄 수 있거든요. 처음 먹을 땐 국물에 찍지 않고 면 자체의 맛부터 보는 것이 이 가게의 맛있게 먹는 공식입니다.

진하고 걸쭉한 국물은 '진한 돈코츠 해산물 국물超濃厚豚骨魚介スープ'이라고 불리는데요. 스무 시간 넘게 돈코츠와 해산물을 푹 끓여 만든 것입니다. 토미타를 포함해 앞선 츠케멘 맛집들에서 이런 '(돈코츠와 해산물) 블렌딩 국물'을 개발했는데요, 이제 더 많은 츠케멘 맛집이 벤치마킹하며 일본 각지에 퍼졌습니다.

TIP 츠케멘을 좋아하는 한국인들에게 맛있게 먹는 팁을 꼭 전하고 싶어요. 먼저 면을 국물에 살짝만 찍어 드셔보세요. 면 끝만 조금 찍어도 충분합니다. 면을 국물에 많이 찍어 먹으면 절대 안 돼요. 츠케멘 국물은 일반 라멘보다 아주 진해서 많이 찍으면 짜요. 일본인들은 소바를 먹을 때도 아주 살짝만 국물에 찍어 먹는답니다. 외국인들은 잘 모르니 면을 국물에 듬뿍 담갔다가는 너무 짜다고 말하는 경우가 많더라고요.

LOCATION 가게는 도쿄역 마루노우치 출구 바로 앞에 위치한 상가 'KITTE' 지하 1층에 있습니다. 라멘 격전지ラーメン激戦区라는 일본 전국의 인기 라멘 맛집이 모여 있어요. 이 중 제가 가장 좋아하는 맛집이 바로 마츠도 토미타멘 키즈나입니다. 상가에 진출한 분점은 본점보다 맛이 떨어지는 경우가 많은데 이곳은 전혀 그렇지 않습니다. 손님이 많음에도 회전율이 빠르고 도쿄역에서 접근성이 매우 좋은 편이라 한국인 여행객들도 부담 없이 방문할 수 있을 거예요.

ORDER 저의 추천 메뉴는

토핑 전부 추가한 진한 츠케멘(全部乗せ 濃厚つけめん, 젠부노세 노코 츠케멘) 면의 양 200g(並, 나미): ¥1,770

유형 츠케멘 맛집 **상호** 마츠도 토미타멘 키즈나(松戸富田麺絆) **구글맵검색** tomita kitte marunouchi **가격대** ¥1,000~(현금 사용) **웨이팅** ⊖⊖⊖ **영업시간** 평일 11:00~21:30, 토·일요일, 일본 공휴일 11:00~20:30 **휴무** 상가 'KITTE'와 동일 **위치** 마루노우치(東京駅 丸の内), JR도쿄역 마루노우치 출구 도보 2분(KITTE 지하 1층) **주소** Chiyoda-ku Marunouchi 2-7-2 KITTE B1F

멸치 육수 츠케멘 먹으러 미야모토에 갑니다 。

입안으로 멸치 대군이 밀어닥치는 듯한 국물로 유명한 '미야모토(宮元)'!

STORY 요 몇 년 동안 도쿄에서는 진한 멸치 육수의 츠케멘이 트렌드에요. 제가 가장 좋아하는 라멘이기도 합니다. 한국의 일본식 라멘집 중 진한 멸치 육수 맛이 느껴지는 라멘이나 츠케멘을 먹을 수 있는 곳은 아직 많지 않은 것 같아요. 생선과 진한 국물을 좋아하는 사람이라면 니보시츠케멘煮干しつけ麺(멸치 육수 츠케멘) 전문점 '미야모토'의 츠케멘을 추천해 드리고 싶습니다.

이것이 바로 츠케멘의 신세계!
차슈와 반숙란으로 푸짐한
'특제 진한 니보시츠케멘(¥1,450)'

진한 멸치 육수에 찍어 먹는
츠케멘. 멸치 대군이 몰려온다!

미야모토는 일본 최대의 맛집 평가 사이트인 '타베로그'의 도쿄 라멘 부문에서 매번 1위 자리를 지켜오고 있는 '잇토一燈'라는 니보시츠케멘 전문점 직원이 독립해서 차린 가게입니다. 잇토는 초인기점이라서 웨이팅이 엄청납니다. 미야모토 역시 웨이팅이 길긴 하지만 잇토보다는 덜하니 한번 들러보세요.

MENU 뭐니 뭐니 해도 츠케멘으로 유명한 맛집이니 처음 가본다면 우선 츠케멘을 드셔보세요. 비주얼은 카레우동 같은데, 한입 먹으면 마치 멸치 떼가 밀어닥치는 것 같은 느낌이랄까요. 그야말로 츠케멘의 신세계를 경험하실 거예요. 조금 지나친 표현인 것 같지만, 저는 처음 먹었을 때 그 정도로 충격을 받았어요. 잘게 썬 양파와 엄청 진한 국물의 조합이 최고였거든요!

미야모토에서는 메뉴를 주문하면 두 종류의 맛있는 차슈를 얹어줍니다. 기본적인 돼지고기 차슈와 로스트포크풍 차슈(돼지고기 차슈를 로스트비프처럼 만든 것)예요. 저의 강추 메뉴인 '특제 진한 니보시츠케멘特製極濃煮干しつけ麺'을 선택하면 차슈도 반숙란도 넉넉히 토핑되어 나올 거예요.

츠케멘뿐만 아니라 멸치 육수 라멘도 있습니다. 진한 맛과 깔끔한 맛 중 선택할 수 있어요(토핑은 같습니다). 깔끔한 맛도 보통 라멘과 비교하면 충분히 진합니다. 미야모토의 모든 메뉴는 멸치 풍미가 강한 것 같아요.

ORDER 저의 추천 메뉴는

식권자판기의 맨 왼쪽 첫 번째 녹색, 노란색 순으로

특제 진한 멸치 육수 츠케멘(特製極濃煮干しつけ麺, 토쿠세이 고쿠노우 니보시츠케멘): ¥1,450

특제 진한 멸치 육수 라멘(特製濃厚煮干しそば, 토쿠세이 노우코우 니보시소바): ¥1,450

유형 멸치 육수 츠케멘 맛집 **상호** 니보시츠케멘 미야모토(煮干しつけ麺 宮元) **구글맵 검색** miyamoto kamata **가격대** ¥1,000~(현금 사용) **웨이팅** ⊖⊖⊖ **영업시간** 런치 11:00~15:00, 디너 17:30~21:00 **휴무** 일요일 **위치** 가마타(蒲田), JR게이힌도호쿠선 가마타역 서쪽 출구 도보 5분 **주소** Ota-ku Nishikamata 7-8-1

TOKYO GOURMET TOUR / RAMEN / 08

아부라소바 먹으러 친친테이에 갑니다。

마제소바 말고 비벼 먹는
일본 라멘! 아부라소바 원조집
'친친테이(珍々亭)'

STORY 한국인들은 '마제소바'를 좋아하는 것 같습니다. '마제소바'는 일본 나고야에 본점을 둔 '멘야 하나비麺屋はなび'에서 개발한 국물이 없는 라멘입니다. 원래 타이완식 라멘에서 영감을 얻어 개발한 것인데, 비벼 먹는 스타일이 한국인들의 감성과 잘 맞았는지 인기를 모은 것 같네요. 아무래도 '멘야 하나비'는 한국에도 진출해 있어서 언제든 드실 수 있을 테니, 또 하나의 국물이 없는 라멘 '아부라소바油そば'를 소개해 볼게요.

MENU '아부라소바'는 국물 대신 진한 양념에 면을 비벼 먹는 스타일의 라멘입니다. 일본어로 '아부라油'는 기름을 의미해요. 일반적으로 알려져 있는 아부라소바는 라드(돼지기름)로 만들어진 양념이 들어 있어서 젊은 남자들이 좋아하는 정크푸드 같은 음식이기도 한데요. 하지만 원조집인 친친테이의 아부라소바는 맛이 깔끔하고, 그리 기름지지 않아요. 기본 토핑으로 차슈, 나루토(어묵의 일종, 전통 일본 라멘의 상징), 죽순이 함께 나오고, 추가로 날달걀과 대파를 토핑하는 손님이 많은 것 같아요.

TIP 먹다가 중간에 라유(고추기름)와 식초를 넣으면 더 맛있어집니다. 일본인들은 처음부터 라유나 식초를 넣지 않고, 중간에 넣어서 먹습니다. 그 자체의 맛을 보다가 맛을 변화시키는 과정을 즐기거든요. 이걸 일본어로 '아지헨味変(맛을 바꾸다)'이라고 해요. 비빔밥처럼 처음부터 맛을 균일하게 비비는 한국 음식 문화와는 사뭇 다르죠. 참고로 누군가는 "중간에 라유와 식초를 다섯 번 듬뿍 돌리고 먹는 게 가장 맛있다"라고 합니다.

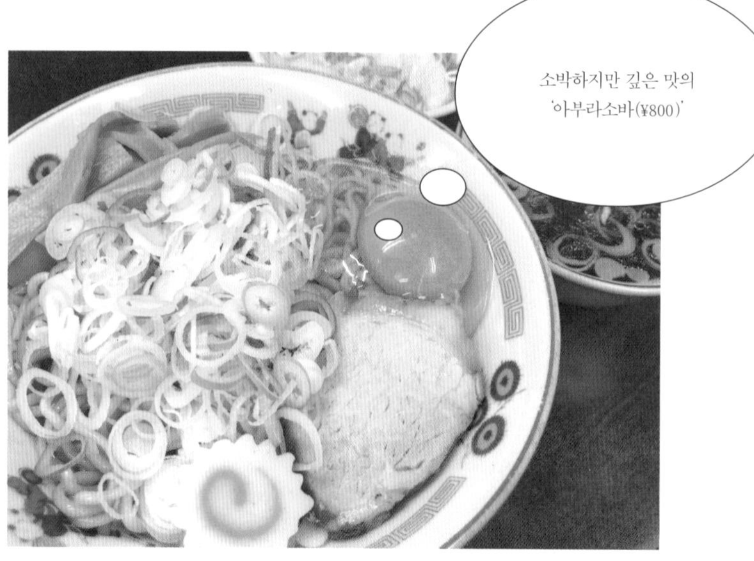

소박하지만 깊은 맛의
'아부라소바(¥800)'

혹시 국물을 먹고 싶으면 따로 주문해야 합니다. 국물 가격은 50엔이에요. 일본에서는 한국처럼 국을 비롯해 밑반찬을 무료로 주는 것이 많지 않기 때문에 양해해 주셨으면 좋겠어요. 아부라소바를 먹다가 마무리로 국물을 부어 일반 라멘처럼 먹는 사람도 있습니다.
친친테이는 1957년에 창업한 동네 중국집인데요. 오래된 노포라 외관은 많이 낡았지만 가게 내부는 의외로 깔끔해요.

LOCATION 가게는 JR주오선 무사시사카이역에서 도보로 10분 소요. 무사시사카이역은 기치조지역에서 다치카와·다카오 방면으로 두 정거장입니다. 시내에서 거리가 떨어져 있고 관광객이 일부러 찾아가는 동네는 아니지만, 도쿄 서부 탐방 겸 원조 아부라소바를 먹으러 가는 재미도 있지 싶습니다.

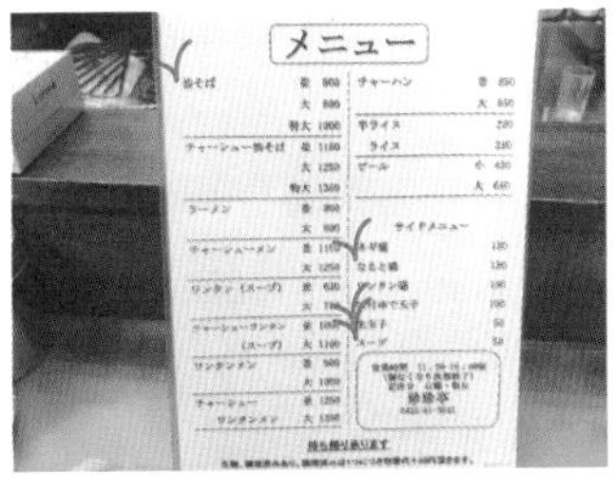

ORDER 저의 추천 메뉴는
아부라소바(油そば) 면의 양 보통(並, 나미): ¥800
대파(ネギ盛, 네기모리): ¥150
날달걀(生玉子, 나마타마고): ¥50
수프(スープ): ¥50

유형 동네 중국집(아부라소바 원조집) **상호** 친친테이(珍々亭) **구글맵검색** chinchintei **가격대** ¥1,000~(현금 사용) **웨이팅** ⊖⊖⊖⊖ **영업시간** 11:00~16:00 **휴무** 일요일, 일본 공휴일 **위치** 무사시사카이(武蔵境), JR무사시사카이역 북쪽 출구 도보 10분 **주소** Musashino-shi Sakai 5-17-21

카레라멘 먹으러 스파이스라멘 텐토센에 갑니다 。

인기 수프카레 맛집이 만든 카레라멘 전문점 '텐토센(点と線)'

STORY 한 설문 조사에 따르면 일본인이 가장 좋아하는 외식 장르는 '라멘'이라고 합니다. '카레'도 일본의 국민 음식이라고 불릴 만큼 인기가 많아요. 일본인은 인기 음식을 합쳐서 새로운 장르를 만드는 걸 좋아하는데요, 카레라멘을 파는 가게는 의외로 적습니다. 저는 이제까지 외식에서 제대로 된 카레라멘을 먹어본 적이 없었습니다. 그런데 드디어 추천할 만한 카레라멘 맛집을 찾아냈습니다. 바로 '스파이스라멘 텐토센'입니다.

최근 몇 년 사이 네모가 가장 놀라고 감동한 라멘, '스페셜 스파이스라멘(¥1,700)'

MENU 이곳은 삿포로 수프카레 맛집 'Rojiura Curry Samurai'가 만든 카레라멘 전문점입니다. 수프카레는 일반적인 카레보다 수프처럼 묽은 카레 루에 채소가 듬뿍 들어 있는 게 특징이에요. 저는 수프카레 본고장인 홋카이도 삿포로에서 수프카레 맛집들을 찾아다니면서 Samurai 본점에서도 먹어봤어요. 다양한 향신료와 신선한 채소가 푸짐하게 들어간 Samurai 수프카레는 격전지 삿포로에서도 확실히 퀄리티가 높은 편입니다. '텐토센'의 카레라멘은 Samurai의 수프카레를 베이스로, 면은 꼬불꼬불 넓적한 '치지레멘'이라는 종류를 사용합니다. 치지레멘 면에는 수프가 잘 붙기 때문에 면을 먹는 동시에 카레 맛도 잘 느낄 수 있죠. 인기 메뉴인 '스페셜 스파이스라멘スペシャルスパイスラーメン'은 우엉 튀김, 브로콜리, 토마토, 적양파, 베이비콘, 무 새싹, 반숙란, 김, 로스트포크, 닭고기, 차슈 등을 얹은 메뉴입니다. 재료 하나하나가 호화로워서 1,700엔이라는 가격이 전혀 아깝지 않아요.

LOCATION 가게는 시모키타자와역 서쪽 출구에서 도보로 5분 거리에 있습니다. 시모키타자와는 소극장이나 구제샵이 모인 동네로 유명한데, 실은 카레 맛집 격전지로도 알려지고 있습니다. 삿포로에 본점을 둔 수프카레 원조집인 'Magic Spice'나 'Samurai'의 도쿄 분점이 있고, '텐토센' 옆에는 인기 스파이스카레 맛집 '카레의 혹성カレーの惑星'도 있습니다. 매년 10월쯤 '시모키타자와 카레 페스티벌'이 개최되니 도쿄 방문 시기가 맞으면 꼭 가보시는 걸 추천합니다. 볼거리 많은 동네이니 관광할 겸 카레 맛집 탐방을 하는 것도 재미가 있을 겁니다.

TIP 매운 것을 좋아하는 분은 매운 단계를 높일 수도 있습니다.

辛さ×2: ¥50, 辛さ×3: ¥100, 辛さ×4: ¥150,
辛さ×5: ¥200, 辛さ×6: ¥250

개인적으로는 이곳의 카레라멘은 맵게 먹는 것보다 기본 맛으로 먹는 것이 더 맛있다고 생각해요.

ORDER 저의 추천 메뉴는

스페셜 스파이스라멘(スペシャル スパイスラーメン): ¥1,700

유형 카레라멘 맛집 **상호** 스파이스라멘 텐토센(スパイスラーメン 点と線) **구글맵검색** tentosen shimokitazawa **가격대** ¥1,000~(현금 사용) **웨이팅** ⊖⊖ **영업시간** 평일 런치 11:30~15:30(L.O. 15:00), 디너 17:30~20:30(L.O. 20:15) / 토·일요일, 일본 공휴일 런치 11:00~15:30(L.O. 15:00), 디너 17:00~21:00(L.O. 20:45) **휴무** 무휴 **위치** 시모키타자와(下北沢), 게이오 전철/오다큐 전철 시모키타자와역 서쪽 출구 도보 5분 **주소** Setagaya-ku Kitazawa 3-34-2

Chapter. 3

NOODLE

면 요리

일본도 쌀이 주식이지만 아무래도 일본인은 면 요리 없이는 못 사는 민족인 것 같아요. 라멘 이외에도 소바, 우동, 스파게티 등 평소에 면 요리를 정말 자주 먹거든요.
'소바そば(일본 메밀)'도 서민 음식입니다. 한국에서는 '메밀' 하면 판 메밀이나 메밀국수 등 냉메밀을 떠올리는 경우가 많을 텐데요. 일본에서는 차가운 국물은 물론 따뜻한 국물의 소바도 있고, 국물의 종류도 여러 가지인 데다가 텐푸라나 고로케를 얹어 먹기까지 해요.
일본에서는 이사했을 때 소바를 먹거나(한국에서 짜장면을 먹는 것처럼) '토시코시소바年越しそば'라고 해서 선달그믐날 밤에 새해를 잘 맞을 수 있도록 따뜻한 소바를 먹는 풍습이 있습니다. 소바 또한 일본인의 식생활에서 빼놓을 수 없는 음식이에요.

일본인은 평생 우동うどん을 사랑한다는 말도 있어요. 아기의 이유식으로 우동을 주기도 하고, 감기에 걸렸을 때 소화가 잘된다고 해서 우동을 먹는 사람도 많아요. 이처럼 우동은 일본인에게 먹기 편한 음식 중 하나라고 할 수 있습니다.
'사누키우동'이나 '이나니와우동'의 '사누키讃岐'와 '이나니와稲庭'는 지역 이름이에요. 지역마다 면의 굵기나 국물 맛에 차이가 있어요. 간사이関西(오사카 등 일본 서쪽)와 간토関東(도쿄 등 일본 동쪽)는 확실히 국물 맛이 다른데, 도쿄는 국물이 짜요.
이 장에서는 우동과 소바는 물론 라멘류 이외의 면 요리를 잘하는 가게들을 정리해 봤어요. 나가사키짬뽕 맛집도 빼놓을 수 없죠. 한국에서도 나가사키짬뽕을 파는데, 일본 현지와 어떻게 다른지 차이를 알려드릴게요.

TOKYO GOURMET TOUR / NOODLE / 01

이타소바 먹으러 카오리야에 갑니다 。

일본 시골풍 판메밀
이타소바를 파는 에비스 맛집
'카오리야(香り家)'

푸짐한 반찬과 시선을 사로잡는
소바를 함께 즐기는
'카오리야 세트(¥1,650)'

STORY 한국에 메밀국수가 있다면, 일본에는 소바가 있습니다. 같은 메밀로 만드는 음식이니 별 차이 없다고 생각하는 사람도 있겠지만, 저 개인적으로 한일 간 차이를 크게 느끼는 음식 중 하나입니다. 한국의 면발은 메밀가루에 녹말을 넣어 탱탱한 데 비해, 일본에서는 녹말을 되도록 적게 넣어 부드러워요. 일본 소바집에서는 메밀가루 80~90% 정도로 만들거나 전혀 밀가루를 쓰지 않고 100% 메밀가루로만 만드는 가게도 있습니다. 또, 국물 맛에서도 차이가 많이 나요. 일본인이 한국에서 메밀국수를 먹으면 '왜 이렇게 소바 국물이 달지?' 싶어서 놀라는데요. 이건 마치 한국인이 일본에서 김치를 먹고 달다고 생각하는 것과 비슷한 느낌입니다. 양쪽 다 멸치를 끓여서 간장 베이스로 만들지만, 일본에서는 멸치 이외에 가츠오부시 등을 육수에 더해 감칠맛을 깊게 내는 것 같습니다. 이왕이면 한국에서는 맛보기 어려운 메뉴를 소개하고 싶어서 에비스 맛집 '카오리야'를 골랐습니다.

MENU 카오리야의 대표 메뉴는 '이타소바板蕎麦'입니다. 동북지방 야마가타현山形県의 향토 음식으로, 크고 얕은 나무판에 면을 담아내요. 면 사이사이 빈틈이 있게 담기 때문에 양이 적어 보이지만, 나무판이 커서 의외로 적지 않아요. 주문 시 굵은 면太打ち(후토우치)과 가는 면細打ち(호소우치)을 선택할 수 있는데, 여기서는 굵은 면을 주문하세요. 굵은 면이 원래 일본 시골 소바집에서 나오는 면이랍니다. 단단하고 탄력 있는 면을 진한 츠유(소바 국물)에 찍어 먹어도 소바 풍미를 느낄 수 있어요. 면이 짙은 색을 띠는 이유는 메밀껍질도 같이 갈아 면에 넣기 때문입니다. '카오리야 세트香り家セット'는 소바와 츠유 2종(간장 국물, 참깨 국물), 메밀을 갈아서 섞은 감자 샐러드, 다시 육수를 넣은 계란말이, 오리고기구이, 튀김 3종(새우, 닭고기, 채소)으로 이루어져 있습니다. 런치 타임에는 이 세트에 옥수수 솥밥이나 물방울떡을 무료로 제공합니다. 소바와 함께 튀김이나 각종 반찬도 먹을 수 있는 푸짐한 세트입니다. 참깨 국물은 샤브샤브 먹을 때 주로 나오는 국물인데요, 간장 국물과 번갈아 면을 찍어 먹으면 끝까지 질리지 않게 먹을 수 있을 거예요. 와사비와 잘게 자른 대파는 간장 국물에 넣어 드셔보세요.

TIP 일본 소바는 한국처럼 꼭 차갑게만 먹는 것은 아니고요, 따뜻하게도 먹습니다. 혹시 따뜻한 소바를 드시고 싶다면 '야마토로소바山とろそば'를 추천할게요.* 간 마를 얹은 소바입니다. 카오리야는 소바 이외의 단품 요리도 다 맛있고, 저녁에는 분위기 좋은 이자카야처럼 이용해도 좋습니다.

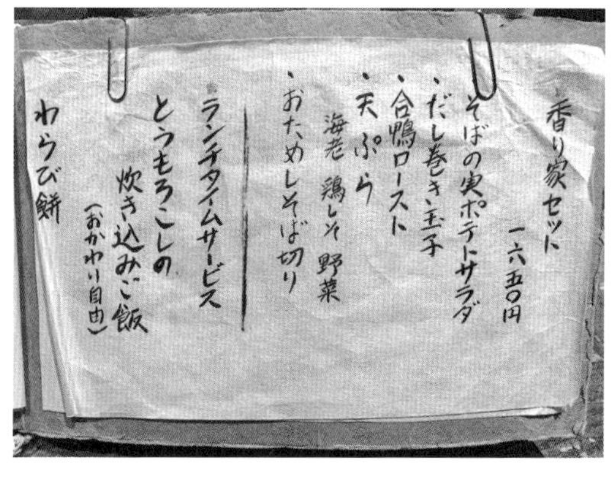

ORDER 저의 추천 메뉴는

카오리야 세트(香り家セット): ¥1,650

간 마 소바(山とろそば, 야마토로소바): ¥1,030

유형 소바 맛집 **상호** 이타소바 카오리야(板蕎麦 香り家) **구글맵검색** kaoriya ebisu **가격대** ¥1,000~ **웨이팅** ⊖⊖⊖ **영업시간** 런치 11:30~15:30(L.O. 15:00), 디너 17:00~22:00(L.O. 21:15) **휴무** 무휴 **위치** 에비스(恵比寿), JR야마노테선 에비스역 동쪽 출구 도보 2분 **주소** Shibuya-ku Ebisu 4-3-10

니쿠소바 먹으러 The Minatoya Lounge에 갑니다 。

레전드 소바집의 맛을 그대로 간직한
'The Minatoya Lounge'

STORY 소바는 영양소가 풍부한 건강 식품으로 인기가 많은 서민적인 면 요리예요. 그렇지만 어떤 음식이든 재미있게 변화시켜 새로운 맛을 보여주는 식당이 있기 마련이죠. 'The Minatoya Lounge(미나토야 라운지)'는 착한 맛의 일반 소바와는 달리, 매콤하고 중독성이 있는 색다른 소바를 선보인답니다. 이곳은 레전드 소바 맛집 '미나토야港屋'의 창업자가 메르세데스 벤츠와 콜라보해 2021년에 하네다 공항에 오픈한 가게입니다. 미나토야는 도쿄에서 가장 줄을 길게 서는 소바 맛집으로 유명한데, 지역 재개발 때문에 아쉽게도 2019년 문을 닫았어요. 그런데 'The Minatoya Lounge'에 가면 미나토야에서 제공하던 메뉴와 비슷한 맛을 만날 수 있어요. 웨이팅이 별로 없고, 브레이크 타임 없이 영업하니까 방문하기 좋을 거예요.

MENU 고기를 얹은 소바를 '니쿠소바肉そば'라고 부르는데요. 이곳의 메뉴는 '냉 니쿠소바冷たい肉そば'와 '온 니쿠소바温かい肉そば'뿐입니다. '냉 니쿠소바'는 양파와 함께 익혀낸 짭짤한 돼지고기가 소바 위에 얹혀 나와요. 국물과 면이 따로 나오고 츠케멘처럼 면을 찍어 먹는 스타일입니다. 차가운 국물에 라유(고추기름)가 들어 있어서 일본 현지인에게는 매운 편이에요. 한국인 입맛에는 안 매울 수도 있는데, 혹시 더 맵게 드시고 싶으면 테이블 위에 있는 고춧가루를 뿌리면 됩니다. 날달걀도 같이 나오니 취향에 맞게 국물에 넣거나, 고기 위에 날달걀을 얹어 살짝 비빈 다음 국물에 찍어 먹어도 좋습니다. 이곳의 면발은 굵은 편이고, 씹을수록 소바의 풍미가 느껴져서 진한 국물 맛에도 묻히지 않아요. 기본 토핑으로 참깨와 자른 대파, 김도 면에 얹혀 나와요.

'온 니쿠소바'는 따뜻한 국물에 고기가 들어 있는 상태로 나옵니다. 먹는 방법은 냉 니쿠소바처럼 국물에 면을 찍어 먹으면 됩니다. 냉 니쿠소바는 메밀면을, 온 니쿠소바는 밀가루 면(일반적인 라멘에 사용하는 면)을 사용합니다. 온 니쿠소바보다 냉 니쿠소바가 조금 더 인기가 많으니, 혹시 처음 방문한다면 냉 니쿠소바를 주문해 보는 게 좋을 것 같아요.

라유가 들어가서 진하고
중독성 있는 '냉 니쿠소바(¥1,400)'

이런 스타일의 니쿠소바는 앞서 소개한 미나토야에서 개발한 메뉴이고, 일본 곳곳에 미나토야식 니쿠소바를 파는 맛집이나 체인점이 늘어났어요. 소바의 새로운 장르를 만들었다고 해도 과언이 아니죠. 이곳은 원조집 미나토야의 맛을 여전히 체험할 수 있는 귀중한 맛집입니다.

TIP 개인적으로 니쿠소바는 한국인 입맛에도 맞을 거라 생각했는데요, 예전에 미나토야에 방문한 한국인 중에 "국물이 너무 짜서 못 먹었어요"라고 하는 분들도 의외로 많더라고요. 이건 먹는 방법 때문이지 않을까 싶네요. 츠케멘과 관련해서도 말씀드렸지만, 면을 국물에 푹 찍으면 안 돼요. 면의 끝만 살짝 찍어 드셔보세요. 혹시 익숙해지면 국물에 많이 찍어도 되지만, 처음에는 조금씩 면을 찍으면서 맛의 농도를 조절해 보길 추천합니다.
'The Minatoya Lounge'는 하네다공항 제2터미널 지하 1층에 있습니다. 2021년까지 메르세데스 벤츠 전시장이었던 곳이라 특이하게 가게 앞에 벤츠 자동차가 전시되어 있어요. 하네다공항에서 출발하기 전에 맛있는 니쿠소바를 맛보세요.

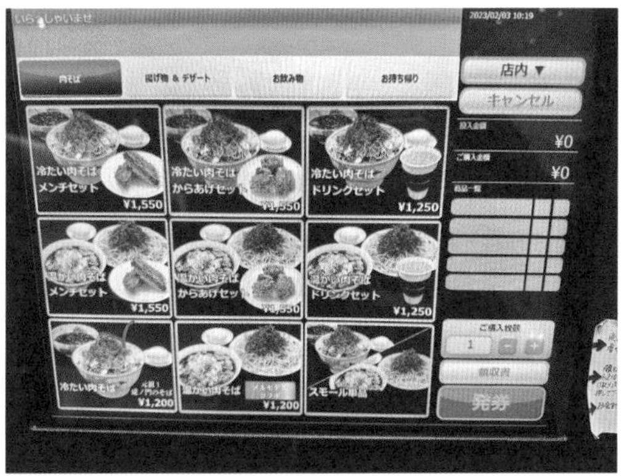

ORDER 저의 추천 메뉴는

냉 니쿠소바(冷たい肉そば, 츠메타이 니쿠소바): ¥1,400

유형 니쿠소바 맛집 **상호** The Minatoya Lounge **구글맵검색** the minatoya lounge **가격대** ¥1,000~ **웨이팅** ⊖ **영업시간** 10:00~20:30(L.O. 20:00) **휴무** 비정기 **위치** 하네다공항(羽田空港), 하네다공항 제2터미널 지하 1층 마켓플레이스 14 **주소** Ota-ku Hanedakuko 3-4 Haneda Airport Terminal2 B1

낫토소바 먹으러 바쿠잔보에 갑니다 。

시원한 낫토소바가 인기 메뉴!
'바쿠잔보(驀仙坊)'

STORY 여러분은 '낫토納豆'를 좋아하나요? 대두를 발효시켜 만드는 낫토는 청국장과 재료가 같아서 한국인에게 냄새는 익숙하지만, 미끌미끌한 식감 때문에 호불호가 갈리는 음식이기도 하죠. 제 한국인 친구는 낫토 식감이 콧물 같아서 싫다고 하더라고요. 그런데 한번 그 매력에 빠지면 헤어나지 못할 수도 있습니다. 참고로 저는 날마다 낫토를 먹는 사람입니다. 낫토는 밥에 얹어 먹는 경우가 많지만, 소바와 같이 먹어도 좋은 음식이에요. '바쿠잔보'는 '낫토소바納豆そば'가 맛있는 나카메구로 맛집입니다. 소바 팬으로 잘 알려진 일본 유명 연예인도 인정하는 진짜 소바 맛집입니다.

영양도 풍부한 일품 요리!
'냉 낫토소바(¥1,500)'

MENU 바쿠잔보에서는 수타로 소바 면을 만들어요. 갓 만든 소바는 향이 아주 좋습니다. 따뜻한 소바로는 '오리고기소바鴨南(카모난)'나 '텐푸라소바'가 인기 메뉴지만, 여름에는 시원한 낫토소바를 추천해 드리고 싶습니다.

낫토소바는 판이 아니라 돈부리 그릇에 넣은 차가운 소바에 낫토, 날달걀, 가츠오부시, 무즙, 자른 파를 얹은 메뉴입니다. 낫토는 콩이 다져진 상태로 나와서 맛이 부드럽고 먹기도 편해요.

낫토는 잘 비벼야 찰기가 생기면서 영양이 풍부해지는 음식입니다. 낫토소바 역시 낫토를 소바와 같이 잘 비벼 먹는 편이에요. 비비지 않고 그대로 먹는 사람도 있는데요, 먹는 방법은 각자의 취향에 따라 즐기면 됩니다.

낫토와 소바는 모두 단백질을 비롯해 비타민B와 칼륨이 풍부한 건강 식품입니다. 여름 더위에 지쳤을 때 낫토소바를 먹으면 피로 회복에 도움이 될 거예요.

TIP 혹시 양이 모자랄 것 같으면 미니 돈부리 식사류를 추가로 주문해 보세요. 오리고기덮밥鴨焼きごはん(카모야키고항)이나 간 마 덮밥とろろごはん(토로로고항)을 추천합니다.

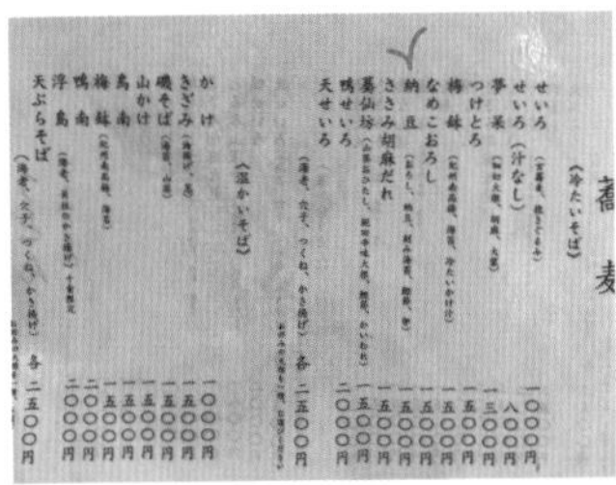

ORDER 저의 추천 메뉴는

낫토소바(納豆): ¥1,500

유형 소바 맛집 **상호** 바쿠잔보(蕎仙坊) **구글맵검색** bakuzanbo **가격대** ¥1,000~ **웨이팅** ⊖⊖⊖ **영업시간** 런치 12:00~20:00 **휴무** 화·수요일 **위치** 나카메구로(中目黑). 도큐 도요코선/도쿄메트로 히비야선 나카메구로역 정면 개찰구 도보 3분 **주소** Meguro-ku Aobadai 1-22-5

붓카케우동 먹으러 오니얀마에 갑니다。

도쿄 최고 수준의 '붓카케우동'을
저렴한 가격에 먹을 수 있는
'오니얀마(おにやんま)'

탱글한 면발과 일류급 텐푸라를
한 그릇에 담은 '닭고기텐푸라와
어묵텐푸라의 냉 붓카케우동(¥590)'

STORY 최근 한국에도 일본 현지식 우동 맛집이 생겨서 '붓카케우동ぶっかけうどん'이라는 이름이 그리 낯설진 않을 거예요. 붓카케우동은 원래 일본의 가가와현이나 오카야마현 쪽의 명물이었는데 이제는 전국적으로도 중요한 우동이 되었어요.

삶은 우동에 진한 다시물인 츠유出汁를 붓고 텐푸라나 파, 생강 등을 얹어 먹는 요리인 붓카케우동은 보통 우동처럼 국물이 많지 않은 대신 다시물이 들어 있는 게 특징이에요. 냉우동으로 먹는 경우가 많은데 따뜻하게 먹기도 해요. 일본의 냉우동은 따로 나오는 다시물에 우동을 찍어 먹는 스타일도 있는데, 좀 번거롭거든요. 붓카케우동은 그릇에 면과 국물이 함께 담겨 있어서 먹기가 편해요.

MENU 전 도쿄에서 붓카케우동을 먹고 싶을 때 '오니얀마'에 갑니다. 붓카케우동 맛집으로, 가격도 저렴하고 맛도 일류! 탱글탱글한 면발에 텐푸라도 정말 맛있습니다. 특히 '닭고기텐푸라とり天(토리텐)'는 꼭 먹어봐야 할 만큼 일품이에요. 제가 좋아하는 메뉴는 '닭고기텐푸라와 어묵텐푸라의 냉 붓카케우동冷とり天ちくわ天うどんぶっかけ', 그리고 '특상 텐푸라의 냉 붓카케우동冷特上天ぷらうどんぶっかけ'인데 둘 다 닭고기텐푸라가 나와요.* 따뜻한 붓카케우동도 있고요.** 도쿄에서 맛있는 텐푸라를 먹으려면 좀 고급스러운 가게에 가야 하는데 오니얀마는 1,000엔 이하로 만족스러운 요리를 먹을 수 있는 고마운 가게입니다.

TIP 오니얀마는 도쿄에 10개의 점포를 두고 있습니다. 고탄다 본점이 제일 맛있다고 소문이 났는데, 런치 타임에는 항상 웨이팅 줄이 생깁니다. 하지만 고탄다점은 서서 먹는 우동집이고, 손님들은 먹고 바로 나가기 때문에 회전율이 좋아서 의외로 빨리 들어갈 수도 있어요. 평일에는 아침 7시부터 밤늦게까지 브레이크 타임 없이 영업하는데요. 피크 타임을 피해서 갈 것을 추천합니다.

나카메구로점, 신바시점, 닌교초점, 히가시시나가와점도 리뷰가 매우 좋은 분점니다. 나카메구로점은 테이블에 앉아 먹을 수 있으니, 혹시 서서 먹는 것이 불편하다면 나카메구로점에 가면 좋습니다.

구글맵에서 oniyanma + nakameguro / shinbashi / ningyocho / higashishinagawa로 검색하고 가보세요.

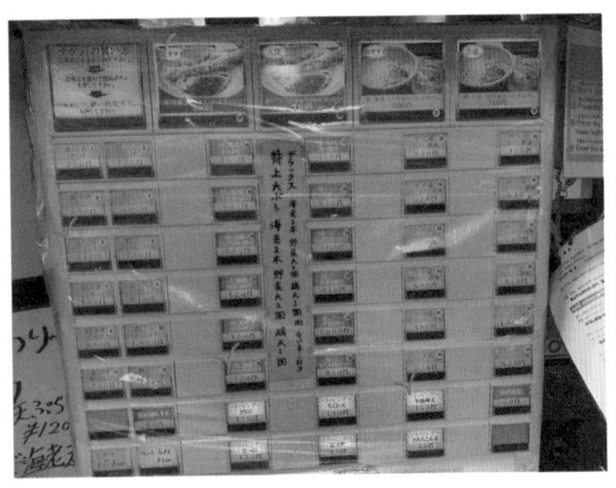

ORDER 저의 추천 메뉴는

닭고기텐푸라와 어묵텐푸라의 냉 붓카케우동(冷 とり天ちくわ天うどん ぶっかけ, 레이 토리텐 치쿠와텐우동 붓카케): ¥590

특상 텐푸라의 냉 붓카케우동(冷 特上天ぷらうどん ぶっかけ, 레이 토쿠죠 텐푸라우동 붓카케): ¥730

닭고기텐푸라와 어묵텐푸라의 온 붓카케우동(温 とり天ちくわ天うどん ぶっかけ, 온 토리텐 치쿠와텐우동 붓카케): ¥590

반숙란텐푸라(半熟卵天, 한주쿠타마고텐): ¥150

오니얀마는 웨이팅이 있으면 줄을 서기 전에 자판기에서 미리 식권을 구매하는 시스템이에요. 자판기의 메뉴 버튼을 누르고 아래쪽 결정(決定) 버튼을 누르면 식권이 나옵니다. 가게로 들어가서 주방 앞 카운터 쟁반에 식권을 놓으면 직원이 주문한 메뉴를 줄 거예요.

유형 우동 맛집 **상호** 오니얀마 고탄다 본점(おにやんま 五反田本店) **구글맵검색** oni-yanma gotanda **가격대** ~¥1,000(현금 사용) **웨이팅** ⊖⊖⊖⊖ **영업시간** 월~토요일 7:00~03:00, 일요일·일본 공휴일 7:00~24:00 **휴무** 무휴 **위치** 고탄다(五反田), JR야마노테선 고탄다역 서쪽 출구 도보 1분 **주소** Shinagawa-ku Nishigotanda 1-6-3

가마타마우동 먹으러 마루카에 갑니다 。

우동 왕국 가가와현의 현지인도
만족하는 도쿄 최고의
사누키우동 맛집, '마루카(丸香)'

STORY 일본 우동은 종류가 다양해요. 혹시 한국인 중에는 '우동은 그냥 다 우동 아닌가?' 하고 생각하는 사람도 있겠지만, 세세하게 나뉘어 있습니다. 이번에는 '사누키우동' 맛집 '마루카'를 소개하고, 어떤 메뉴를 파는지 설명해 드릴게요.

우선 '사누키讃岐'는 일본 가가와현의 옛 지명입니다. 가가와현은 편의점보다 우동집이 많아서 '우동 왕국'이라고도 불려요. 이곳 사람들이 자주 먹던 로컬 우동이 바로 가가와현의 옛 지명을 딴 사누키우동입니다. 1970년 오사카 엑스포를 계기로 인지도가 높아졌고, 이제 일본을 대표하는 우동 종류로 인정받고 있습니다.

이 사누키우동도 종류가 몇 가지로 나뉩니다. 여러분도 잘 아는, 국물과 면이 함께 나오는 일반적인 우동은 '카케우동'이라고 해요. 그리고 앞서 소개한 국물이 많지 않은 '붓카케우동'도 사누키우동의 한 종류입니다. 이 우동들의 특징은 탄력 있는 면발이에요. 우동 면발의 탄력을 일본어로 '코시コシ'라고 하는데요. 음… 한국어로 표현하면 쫄깃한 식감? 탱글탱글함? 실제로 먹어봐야 느낄 수 있는 식감인 것 같아요. 사누키우동의 면은 그 특유의 코시를 내기 위해 밀가루 반죽을 발로 밟아 반죽하는 전통적인 방법을 사용했지만, 이제는 기계나 수타로 만드는 일이 늘어나고 있습니다.

또 다른 사누키우동의 종류 중에는 '가마아게우동釜上げうどん'이 있습니다. 사누키우동은 면을 삶은 후 코시를 위해 찬물에 담그는데요. 가마아게우동은 찬물에 담그지 않고 그대로 그릇에 담아내요. 그래서 더 따뜻하고 식감은 일반적인 우동보다 부드럽습니다. 참고로 일본어로 이런 식감을 '모찌모찌もちもち'라고 표현하는데, 일본 떡인 '모찌'와 비슷한 식감이어서 그런 것 같아요.

여기서 제가 소개할 메뉴는 가마아게우동에서 또 나뉜, '가마타마우동釜たまうどん'이에요.

모찌모찌 식감을 느껴보세요!
프리미엄 날달걀을 얹은 우동
'가마타마 지로(¥620)'

MENU '가마타마우동'은 앞서 말씀드린 것처럼 가마아게우동의 일종입니다. 그러니까 사누키우동의 일종인 가마아게우동의 한 종류인 것이죠. 가마타마우동은 따뜻하고 부드러운 가마아게우동에 날달걀을 얹은 메뉴입니다. 말하자면 날달걀밥의 우동 버전이랄까요. 다른 가게의 가마타마우동은 면 위에 날달걀을 얹기만 해서 나오기도 하는데요, 이곳의 가마타마우동은 날달걀과 우동이 잘 비벼진 상태로 나옵니다. 국물이 거의 없고 간이 되어 있지 않아서 다시 간장(멸치, 다시마 등을 끓여낸 육수를 넣은 간장)을 뿌려서 먹어요. 토핑은 잘게 썬 파뿐! 아주 간단해 오히려 우동 본래의 풍미를 만끽할 수 있습니다. 혹시 토핑을 더 얹고 싶다면 테이블 위에 있는 튀김옷을 뿌려보세요. 튀김옷은 무료입니다. 마루카에는 '프리미엄 날달걀'을 얹은 가마타마우동도 있습니다. 그냥 날달걀을 얹은 '가마타마우동'에 비해 가격이 조금 더 비싸요. 저는 프리미엄 날달걀을 얹은 '가마타마 지로'를 선택했습니다. 손님 대부분은 '우동 반찬'으로 텐푸라(튀김)도 같이 주문합니다. 텐푸라는 어묵, 새우, 채소, 닭고기 등이 있어요. 저는 개인적으로 어묵 튀김을 좋아합니다.*

우동 가격은 500~800엔이고, 텐푸라를 같이 주문해도 다 합해서 1,000엔 정도니까 정말 착한 가격이죠. 일본 역시 모든 물가가 오르고 있어 도쿄에서 이 가격을 유지하는 건 쉬운 일이 아닙니다.

TIP 마루카는 '가가와현까지 가지 않아도 충분히 만족스러운 사누키우동을 먹을 수 있는 곳'이라고 가가와 현지인이 칭찬하는 진짜 맛집입니다. 평일 런치 타임에는 웨이팅이 30명 정도로 약 30분 대기, 토요일에는 50명 정도로 약 50분 대기하게 됩니다. 회전율은 엄청 빠른 편이에요. 혹시 많이 기다리고 싶지 않다면 오픈 시간인 오전 11시 전에 가는 걸 추천합니다. 토요일보다 평일, 점심보다 저녁에 방문하면 웨이팅 시간을 줄일 수 있을 거예요(토요일은 디너 영업이 없으니 주의하세요). 주문 방법은 줄 서서 기다리는 동안 직원이 미리 확인하는 시스템입니다. 가게 내부는 촬영 금지고 음식만 촬영 가능합니다.

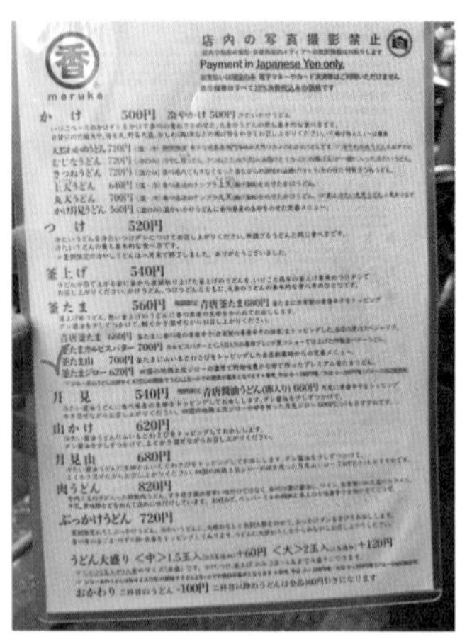

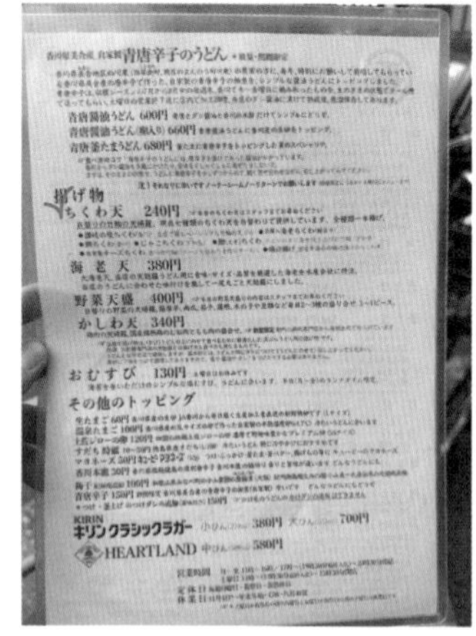

ORDER 저의 추천 메뉴는

프리미엄 날달걀을 얹은 가마타마우동(釜たまジロー, 가마타마 지로): ¥620
어묵텐푸라(ちくわ天, 치쿠와텐): ¥240.

유형 사누키우동 맛집 **상호** 마루카(丸香) **구글맵검색** udon maruka **가격대** ¥1,000~(현금 사용) **웨이팅** ⊖⊖⊖⊖ **영업시간** 평일 런치 11:00~16:00(L.O.), 디너 17:00~19:30(L.O.) / 토요일 11:00~14:30(L.O.) ※토요일 디너 영업 안 함. 재료 소진 시 조기 마감 **휴무** 일요일, 일본 공휴일 **위치** 진보초(神保町). 도쿄메트로 한조몬선 진보초역 A5출구 도보 4분 **주소** Chiyoda-ku Kanda Ogawamachi 3-16-1

이나니와우동 먹으러 나나쿠라에 갑니다。

도쿄 회사원들의 점심을 책임지는
본격적인 이나니와우동 맛집,
'나나쿠라(七蔵)'

STORY 일본에서 우동이 특히 맛있는 세 곳을 가리켜 '일본 3대 우동'이라고 부릅니다. 우동 왕국 가가와현의 '사누키우동', 동북지방 아키타현의 '이나니와우동', 군마현의 '미즈사와우동'. 신바시 맛집 '나나쿠라'는 도쿄에서 이나니와우동을 먹을 수 있는 서민적인 맛집입니다.

※ 미즈사와우동이 아니라 나가사키현의 '고토우동'이 3대 우동에 들어간다고 생각하는 사람도 있어요.

小라도 양이 충분한
'우동 소 300g +
미니 돈부리 세트(¥1,300)'

아나니와우동은 1600년대 아키타현 영주의 가문에서만 먹었던 음식으로, 일부 사람만 제조법을 알 수밖에 없는 특별한 음식이었습니다. 그러다가 전통적인 제조법을 지속적으로 지키기 위해 우동 장인이 1860년에 이나니와우동 맛집을 창업했습니다. 1972년 그 제조법이 대외적으로 공개될 때까지 일부 가게에서만 먹을 수 있었지만, 이제는 유명해졌고 동네 마트에서도 이나니와우동을 흔하게 볼 수 있을 만큼 인기 많은 메뉴가 되었습니다.

MENU 이나니와우동의 면은 밀가루 반죽, 숙성, 건조 과정을 반복해서 건면으로 만듭니다. 반죽을 여러 번 치대어 공기를 빼주면 특유의 매끄러운 식감을 낼 수 있다고 해요. 면발은 납작하고 가는 편이에요. 냉우동으로 츠유에 찍어 먹는 스타일입니다. 소바나 츠케멘처럼 먹는다고 생각하시면 돼요.

나나쿠라의 이나니와우동은 면의 양에 따라 소小, 중中, 대大로 나뉘어요.

小: 300g 1,000엔, 中: 400g 1,200엔, 大: 500g 1,400엔

원하는 양을 선택하면 됩니다. 가장 양이 적은 小의 경우 라멘의 면으로 생각해도 곱빼기처럼 양이 많은 편이에요. 그런데 이곳의 우동은 양이 많아도 신기하게도 가볍게(?) 먹을 수 있습니다.

면은 본고장인 아키타현에서 만든 매끈매끈한 건면을 사용합니다. 참고로 이나니와우동처럼 매끈매끈한 음식이 목에 잘 넘어가는 느낌을 일본어로 '노도고시가 요이のどごしが良い'라고 합니다. 여러분도 이 특별한 느낌을 꼭 경험해 보세요.

이곳의 '우동 국물つけ汁(츠케지루)' 맛은 참깨 베이스입니다. 가츠오부시를 넣고 다시물을 끓여 만든 수프에 오리고기와 샐러리를 갈아 으깬 것을 넣었습니다.* 국물은 따뜻한데 면은 차가워서 면을 찍어 먹다 보면 국물이 미지근해지는데요. 조금 묘하게 느낄 수도 있지만, 원래 그런 음식이라고 생각해 주세요.

우동뿐만 아니라 세트 메뉴인 '미니 돈부리ミニ丼'도 맛있습니다. 돈부리는 8종류(주로 회덮밥류) 중에서 고를 수 있고, 저는 '바라치라시(생선회를 잘게 썰어 얹은 회덮밥)'를 주문했습니다.** 우동과 미니 돈부리를 세트로 먹는 경우, 우동은 小를 주문해도 양이 충분할 거예요.

*

**

TIP 나나쿠라의 음식값은 선불입니다. 우선 가게 입구 가까이에 있는 계산대에서 주문과 계산을 하고, 직원의 지시에 따라 대기 위치(주방 앞쪽)에서 기다립니다. 그럼 직원이 순서대로 자리에 안내해 주실 거예요. 바쁜 회사원들에게 조금이라도 빨리 요리를 제공하려고 도입한 시스템입니다.
가게 안은 뭔가 학생 식당 같은 소박한 분위기가 느껴지고, 주방에서 남자들이 열심히 요리를 준비하는 모습이 보입니다.

LOCATION 신바시역 앞에 위치한 낡은 건물, 신바시 에키마에비루新橋駅前ビル 2층에 있습니다. 이 건물은 신바시 노포 맛집이 많이 모여 있는 상가예요. 런치 타임에는 정말 많은 신바시 회사원들이 이용합니다.

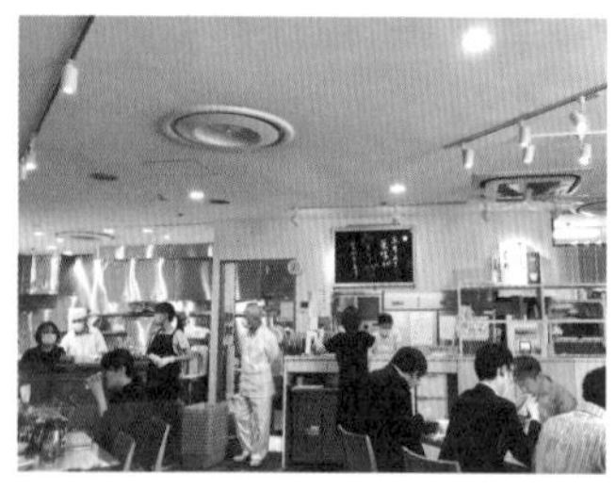

ORDER 저의 추천 메뉴는
우동 小 300g + 미니돈부리 세트(稲庭うどん 七蔵特製スープつけ麺 プラス ミニ丼ぶりセット, 우동 쇼 + 미니돈부리 세트): ¥1,300

유형 이나니와우동 맛집　**상호** 나나쿠라(七蔵)　**구글맵검색** udon nanakura　**가격대** ¥1,000~(현금 사용)　**웨이팅** ⊖⊖⊖　**영업시간** 11:00~15:00(L.O. 14:30)　**휴무** 토·일요일, 일본 공휴일　**위치** 신바시(新橋), JR신바시역 시오도메(汐留) 출구 도보 1분　**주소** Minato-ku Shinbashi 2-20-15, Shinbashi Ekimae Building1 2F

카레우동 먹으러 콘피라차야에 갑니다 。

메구로의 수타우동 명가
'콘피라차야(こんぴら茶屋)'

걸쭉하고 농도 짙은 국물이
특징인 '반숙란 토핑
소고기카레우동(¥1,270)'

STORY 일본인은 카레도 우동도 너무 좋아해요. 그러니 두 가지를 합한 카레우동도 당연히 좋아할 수밖에 없겠죠. 일본의 우동집 대부분이 기본 메뉴로 두고 있을 정도예요. '콘피라차야'는 원래 사누키우동 맛집인데, 소고기카레우동 맛이 소문나면서 유명해졌어요.

MENU 카레우동의 카레는 묽은 수프 정도의 농도인 경우가 많은데 이곳 카레우동의 국물은 진하고 걸쭉해요. 카레라이스의 카레와 큰 차이가 없을 정도로 진하답니다. 그래서 우동을 먹고 남은 카레에 따로 주문한 공깃밥을 넣어서 카레라이스처럼 먹는 사람도 많아요. 다시물出汁로 만든 카레여서 독특한 풍미도 느낄 수 있고, 굵고 부드러운 우동 면발과 카레가 잘 어우러져 정말 맛있습니다. 음식 위에 토핑된 반숙란을 터뜨려 우동과 살짝 비벼 먹으면 맛이 더 부드러워져요. 치즈나 떡 토핑도 카레 소스와 궁합이 잘 맞아요.

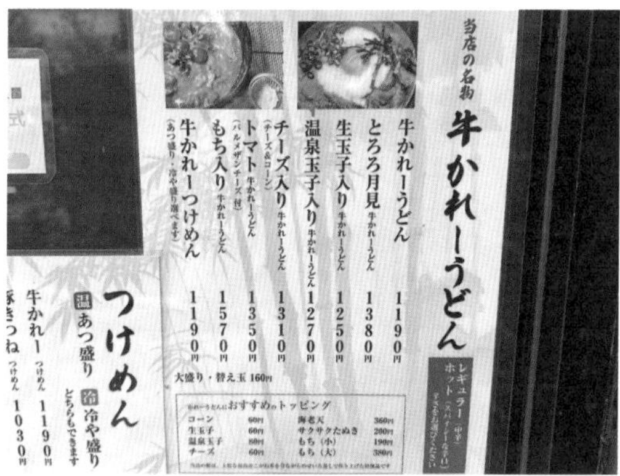

ORDER 저의 추천 메뉴는

반숙란 토핑 소고기카레우동(温泉玉子入り牛カレーうどん, 온센타마고이리 규카레우동): ¥1,270

유형 사누키우동, 카레우동 맛집　**상호** 콘피라차야(こんぴら茶屋)　**구글맵검색** konpira-chaya　**가격대** ¥1,000~(현금 사용)　**웨이팅** ⊖⊖⊖　**영업시간** 11:00~23:00　**휴무** 연말연시　**위치** 메구로(目黒), JR야마노테선/도큐 메구로선 메구로역 동쪽 출구 도보 3분　**주소** Shinagawa-ku Kamioosaki 3-3-1

나가사키짬뽕 먹으러 나가사키한텐에 갑니다。

일본 드라마 〈고독한 미식가〉에도 등장한 나가사키식 중국요리 맛집 '나가사키한텐(長崎飯店)'

STORY 나가사키짬뽕은 일본 규슈 지방 나가사키현의 향토 음식입니다. 예전에 제가 나가사키의 유명 짬뽕 맛집들을 찾아다니는 '먹방 여행'을 했는데 맛있는 가게가 많아서 깜짝 놀랐어요. 사실 규슈 지방 이외 지역에서는 나가사키짬뽕을 먹을 기회가 그리 많지 않아서 도쿄 토박이인 저는 나가사키짬뽕이 어떤 요리인지 잘 몰랐거든요. 먹어본 뒤로는 요즘도 나가사키에서 먹었던 그 맛이 그립습니다. '나가사키한텐'은 도쿄에서 진정한 나가사키짬뽕을 요리하는 귀한 전문점입니다. 드라마 〈고독한 미식가 시즌 6〉(2017)에도 등장한 맛집이라서 아시는 분들도 있겠지만, 저 개인적으로도 도쿄의 최고 나가사키짬뽕집으로 나가사키한텐을 꼽습니다.

MENU 일본 현지 나가사키짬뽕은 한국식 나가사키짬뽕과 차이점이 많습니다. 국물은 돈코츠 베이스에 문어, 새우, 바지락 등 해산물 육수를 합쳐서 만듭니다. 예전에 어떤 한국인이 제 SNS에 "일본에서 나가사키짬뽕을 먹어봤는데 하나도 안 맵고 실망했어요"라는 글을 남긴 적이 있어요. 네, 맞아요! 원래 나가사키짬뽕은 맵지 않고 담백한 음식입니다. 한국의 매콤한 나가사키짬뽕은 한국식으로 변형한 거예요.

국물과 잘 어울리는 탱탱한 짬뽕 면발에도 특징이 있습니다. 사실 나가사키의 독특한 간수 '도아쿠唐あく'를 넣어 만든 짬뽕 면을 사용한 것만을 나가사키짬뽕이라고 부를 수 있습니다. 물론 나가사키한텐도 나가사키에서 만들어진 진정한 짬뽕 면을 공급받아 사용한다고 해요.

'특상 짬뽕'은 그냥 짬뽕에 비해 토핑 퀄리티가 더 좋습니다. 저는 특상 짬뽕을 드시는 걸 추천합니다.

도쿄에서 맛볼 수 있는
나가사키의 맛!
'특상 짬뽕(¥1,300)'

나가사키를 대표하는
또 하나의 명물,
'특상 사라우동(¥1,300)'

나가사키 향토 음식 중에는 먹어볼 만한 면 요리가 또 있답니다. 바로 '사라우동皿うどん'이에요! 나가사키짬뽕보다는 지명도가 낮지만, 쉽게 말해 국물이 없는 나가사키짬뽕입니다. 원래 나가사키의 중국요릿집에서 인기 있던 짬뽕을 간편하게 배달도 할 수 있도록 국물을 빼고 만든 요리래요. 그래서 맛은 짬뽕과 비슷한데 해산물이나 채소를 흐물흐물하게 볶은 '앙あん'이 면 위에 얹혀 있습니다. '사라우동'이라고 부르지만 짬뽕 면으로 만들기 때문에 여러분이 생각하는 우동과는 다르답니다. 원래 면발이 굵고 우동처럼 생겨서 그런 이름이 붙은 것 같아요. 그러다가 나중에는 가는 면을 튀겨 넣은 사라우동도 나왔습니다. 주문 시 '부드럽고 굵은 면柔麺(야와멘)'*과 '바삭하게 튀겨낸 가는 면硬麺(카타멘)'** 중 하나를 선택할 수 있는데요. 저 개인적으로는 '야와멘'을 추천합니다. 나가사키짬뽕도 사라우동도 면이 생명이죠. 우선 굵고 탱탱한 짬뽕 면의 면발부터 즐겨보세요.

TABLE 테이블에는 우스터소스ウスターソース도 준비되어 있는데요. 나가사키에서는 사라우동에 우스터소스를 뿌려 먹는 사람도 있다고 하니 새로운 맛을 느껴보고 싶다면 도전해 보세요! 참고로 저는 우스터소스보다 식초 뿌려 먹는 것에 익숙합니다(규슈 현지인 이외의 사람들 대부분이 그렇습니다).

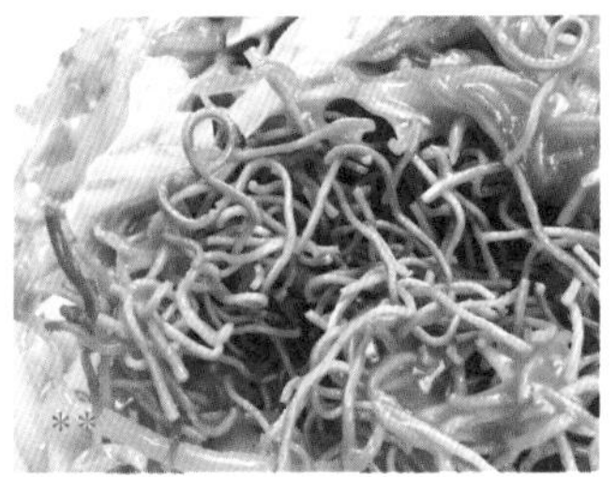

LOCATION 원래 시부야 도겐자카道玄坂 골목에 있는 맛집이었지만, 이 지역이 재개발되면서 2023년 4월에 시부야역 서쪽 출구 부근으로 이전했습니다. 예전 점포는 낡아도 운치 있고, 드라마 〈고독한 미식가〉에 나오기도 해서 이전한 건 아쉽지만 맛은 여전히 좋습니다. 찾아오실 때는 신점포로 오세요.

TIP 다카다노바바점(구글맵검색 nagasakihanten takadanobaba)도 있어요.

ORDER 저의 추천 메뉴는

특상 짬뽕(特上ちゃんぽん, 토쿠조 짬뽕): ¥1,300

특상 사라우동(特上皿うどん, 토쿠조 사라우동): ¥1,300

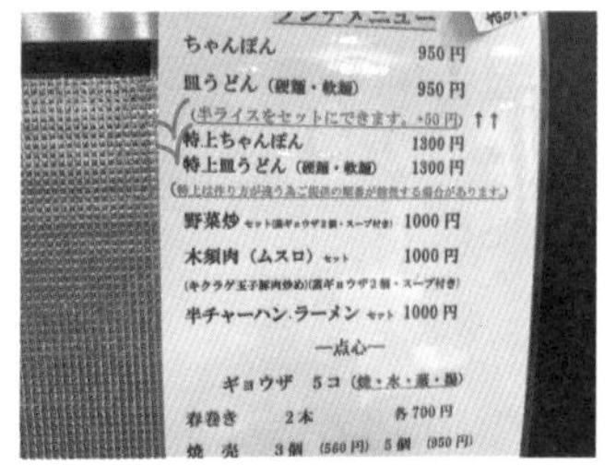

유형 나가사키식 중국요릿집 **상호** 나가사키한텐(長崎飯店) **구글맵검색** nagasakihanten shibuya **가격대** ¥1,000~(현금 사용) **웨이팅** ⊖⊖ **영업시간** 런치 11:00~14:30(L.O. 13:50), 디너 17:00~22:00(L.O. 21:20) **휴무** 토요일 오후, 일요일, 일본 공휴일 **위치** 시부야(渋谷), JR시부야역 서쪽 출구 도보 3분 **주소** Shibuya-ku Dogenzaka 1-9-1

스파게티 먹으러 아르덴테이에 갑니다 。

이탈리아 항공사 직원들도 찾아오는
현지인 인정 스파게티 맛집
'아르덴테이(あるでん亭)'

알리탈리아항공사 직원이 직접
레시피를 전수받은 메뉴.
'알리탈리아(¥1,730)'

STORY 일식은 아니지만, 스파게티 맛집도 하나 소개할게요! 신주쿠와 긴자에 점포를 두고 있는 스파게티집 '아르덴테이'. 스파게티 면을 삶을 때 심지의 단단함이 절묘하게 느껴지는 정도를 뜻하는 '알덴테al dente'와 음식점 이름에 붙이는 일본어 '테이亭'를 합쳐 '아르덴테이'라는 상호가 되었습니다. 이름 그대로 알덴테 스파게티를 만끽할 수 있는 곳입니다. 1977년 긴자에서 오픈한 후 도쿄에서 본격적인 스파게티를 먹을 수 있는 곳으로 오랫동안 인기를 끌어왔는데요, 2020년에는 신주쿠점도 생겼습니다.

이곳은 이탈리아 항공사인 알리탈리아항공의 직원들이 일본에 오면 즐겨 찾는 곳으로도 유명해요. 이탈리아 유명인들의 사진이나 사인이 벽에 붙어 있어 이탈리아인도 인정하는 맛집인 것 같네요. 분위기는 캐주얼하고 그냥 혼자 스파게티만 먹고 나가도 전혀 불편하지 않은 느낌입니다.

MENU 인기 메뉴는 '알리탈리아アリタリア'입니다. 크림파스타 위에 볼로네제 미트소스가 얹어 나오는 '하이브리드 스파게티'인데요, 신기하게 크림파스타와 미트소스가 잘 어울려요. 있을 것 같지 않은 메뉴랄까요? 저는 이런 맛을 아르덴테이에서 처음으로 먹어봤습니다.
또, 개인적으로 마음에 든 메뉴는 '카르보나라'입니다.* 한국과 일본에서 카르보나라는 크림소스 스파게티 같은데, 이탈리아 현지에서는 생크림을 쓰지 않는대요. 카르보나라의 어원은 '카본(검은 재)'이고 후추나 치즈를 넣어 만드는 스파게티라고 합니다. 이곳의 카르보나라는 달걀노른자로 마일드한 소스를 만들고, 비주얼은 오일파스타처럼 생겼어요. 먹다가 중간에 치즈를 넣어야 하지 않을까 예상했지만, 너무 맛있고 전혀 질리지 않아서 아무것도 넣지 않고 다 먹어버렸습니다. 브라보!
일본인들은 집에서 스파게티 삶을 때 알덴테 식감을 내고 싶어하지만 역시 집에서 만들면 어려운 경우가 많아요. 진정한 알덴테 스파게티를 맛보고 싶을 땐 아르덴테이에 가면 좋을 듯합니다.

LOCATION 점포는 신주쿠에 두 곳, 긴자에 한 곳 있습니다.
신주쿠 센터빌딩점은 도에이 지하철 오에도선 도초마에역에서 가장 가깝지만, JR신주쿠역 서쪽 출구에서 무빙워크를 이용하면 금방 도착합니다. MB1층(1층과 지하 1층의 중간)에 있어요. 신주쿠 스미토모빌딩점은 도에이 지하철 오에도선 도초마에역 A6출구와 직결되어 있고, 지하 1층입니다.
긴자점은 '긴자 파이브GINZA5' 지하 1층 식당가에 있습니다('긴자 식스GINZA6'와 헷갈리지 않도록 주의하세요).

ORDER 저의 추천 메뉴는
알리탈리아(アリタリア): ¥1,730
카르보나라(カルボナーラ): ¥1,380

Spaghetti
クリームソース
しめじクリーム(しめじ・サワークリーム) ¥1,380
Shimeji Mushroom & Cream Sauce (Shimeji Mushroom & Sour Cream)
ツナクリーム(ツナ・アンチョビ・ホワイトソース) ¥1,580
Tuna Cream Sauce (Tuna, Anchovy & White Sauce)
ロレンツア(ベーコン・卵・サワークリーム) ¥1,580
Lorenza (Bacon, Egg & Sour Cream)
カルボナーラ(ベーコン・ブラックペッパー・卵・生クリーム) ¥1,380
Carbonara (Bacon, Black Pepper, Egg & Fresh Cream)
アリタリア ¥1,730
Aitalia (Shimeji Mushroom, Fresh Cream, Red pepper & Bolognese)
明太子クリーム(明太子・コーン・ホワイトソース) ¥1,580
Mentaiko (Spicy Cod Roe) Cream Sauce (Mentaiko, Corn & White Sauce)
アンチョビきのこクリーム ¥1,680
(しめじ・しいたけ・アンチョビ・サワークリーム)
Anchovy & Mushroom (Shimeji & Shiitake Mushrooms, Anchovy)
アマトリチアーナ

유형 스파게티 맛집 **상호** 아르덴테이(あるでん亭) **가격대** ¥1,000~(현금 사용) **웨이팅** ⊖⊖⊖

【긴자점】
구글맵검색 al dente ginza five **영업시간** 11:00~22:00(L.O. 21:30) **휴무** 상가 입점 시설과 동일 **위치** 긴자(銀座). 도쿄메트로 긴자역 C1출구 지하 직결, JR유라쿠초역 긴자 출구 도보 5분 **주소** Chuo-ku Ginza 5-1 Ginza5 B1F

【신주쿠 센터빌딩점】
구글맵검색 al dente shinjuku **영업시간** 월~토요일 11:00~21:30(L.O. 21:00), 일요일·일본 공휴일 11:30~20:00(L.O. 19:30) **휴무** 상가 입점 시설과 동일 **위치** 신주쿠(新宿). JR신주쿠역 서쪽 출구 도보 8분 ※무빙워크 이용시 도보 5분, 도에이 지하철 오에도선 도초마에역 B2출구 도보 3분 **주소** Shinjuku-ku Nishishinjuku 1-25-1 Shinjuku Center Building MB1F

【신주쿠 스미토모빌딩점】
구글맵검색 arudentei shinjuku sumitomo building **영업시간** 월~토요일 11:00~21:30(L.O. 21:00), 일요일·일본 공휴일 11:30~20:00(L.O. 19:30) **휴무** 상가 입점 시설과 동일 **위치** 신주쿠(新宿). 도에이 지하철 오에도선 도초마에역 B6출구 직결(지하1층) **주소** Shinjuku-ku Nishishinjuku 2-6-1 Shinjuku Sumitomo Building B1F

Chapter. 4

NIKU

고기

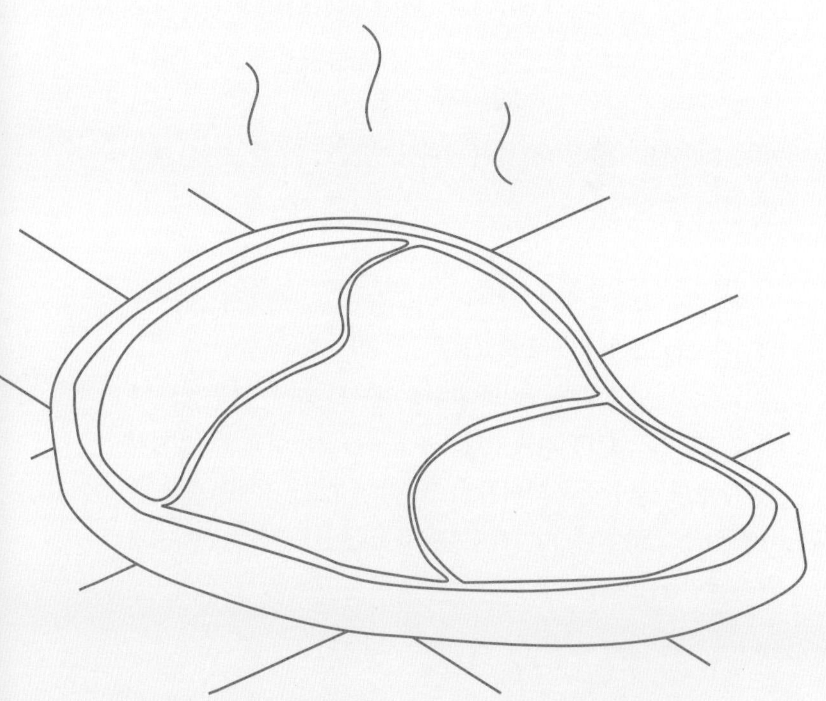

제가 한국에 살았을 한국인은 정말 고기를 좋아하는구나 싶었습니다. 일본인도 고기를 좋아하지만 한국인에게서는 더 강한 고기 사랑이 느껴지더라고요. 고기를 굽는 솜씨도 한국인이 훨씬 뛰어난 것 같습니다.

일본에서 고기구이는 '야키니쿠焼肉'라고 부릅니다. 일본인도 '고기를 먹는다'고 하면 한국인과 마찬가지로 구워 먹는 걸 떠올리는데요. 다만 한국인이 삽겹살을 먹으러 가듯 평소에 고기구이를 먹으러 가는 문화는 아니기 때문에, 일본에서 야키니쿠는 서민 음식의 이미지는 아니에요. 조금 특별한 날에 먹는 음식이랄까요. 일본인들은 야키니쿠 하면 한국음식을 떠올리는 경우가 많아요. 실제로 이전에 일본에서는 고기를 구워 먹는 음식 문화가 발달되어 있지 않았거든요. 재일교포분들이 한국에서 '고기구이(야키니쿠)' 문화를 가져온 것이죠. 참고로 보통 일본 인터넷에서 맛집을 검색할 때 야키니쿠는 '한국음식/야키니쿠韓國料理/焼き肉'로 분류되어 있어요. 물론 구워 먹는 스타일은 일본식으로 많이 바뀌었으니 그 차이를 느끼는 것도 재미있을 것 같아요.

일본에 오는 분들에게 꼭 추천해 드리고 싶은 고기는 역시 '와규和牛'입니다. 와규는 원래 농경 소였는데, 간사이(일본 서쪽) 지방의 농경소가 육질이 아주 좋다는 것이 밝혀진 거예요. 그 후 식용 소로 품종을 개량하고 철저한 사육 관리로 지금의 맛있는 와규가 되었답니다. 와규 대부분은 흑우黑牛이지만, 그렇지 않은 품종도 있습니다. 흑우가 약간 고급스러운 이미지가 있어서 그런지 흑우를 어필하는 경우가 많기는 합니다.

와규의 소고기는 살코기와 비계의 밸런스가 절묘하고 야키니쿠焼き肉, 스키야키すき焼き, 샤브샤브しゃぶしゃぶ 등 어느 요리에나 잘 어울리는 것 같아요. 물론 질 좋은 와규는 비싸지만 기회가 되면 꼭 먹어 볼 만한 고기라고 생각합니다. 참고로 일본 고깃집에서 'A4 와규'나 'A5 와규' 등의 와규 등급을 볼 수 있을 텐데요, A5가 최고급이에요.

일본에서는 돼지고기를 그냥 구워 먹는 경우는 흔치 않습니다. 야키니쿠 식당의 메뉴 중에 돼지고기도 있기는 하지만 대부분의 메뉴는 소고기예요. 요즘은 한국식 삼겹살집이나 한국 음식점이 많이 생기면서 일본인도 돼지고기를 구워 먹는 것에 익숙해지고 있기는 합니다.

또 빼놓을 수 없는 고기, 한국인은 치킨을 무척 좋아하죠. 한국에 갔을 때 치킨집이 많은 게 신기해 보였어요. 반대로 한국인은 일본에 치킨집이 없는 것을 보고 일본에서 치킨집을 하면 장사가 잘될 거라고 생각하는 분도 계시던데요. 제 생각에 일본에서는 그렇게까지 치킨집의 수요가 많지는 않을 것 같습니다. 일본에 한국식 치킨집은 많지 않지만 한국과는 또 다른 닭고기 요리가 있습니다. 이 장에서는 제가 좋아하는 닭고기 요리인 '야키토리焼き鳥(닭꼬치)'와 '카라아게から揚げ(닭튀김)', '치킨난반チキン南蛮'도 소개해 드릴게요.

야키니쿠 먹으러 야키니쿠 잠보에 갑니다。

이제 인터넷으로 해외에서도
예약 가능한 인기 맛집
'야키니쿠 잠보(焼肉ジャンボ)'
焼肉

STORY '야키니쿠焼肉'는 구워 먹는 고기입니다. 일본 야키니쿠집은 예약해야 하는 곳이 많은데 특히 노포나 고급 야키니쿠집은 전화 예약만 받는 집이 의외로 많아요. 이번에 소개하는 '야키니쿠 잠보' 역시 전화로만 예약이 가능했는데 인기가 매우 높아서 전화 연결조차 힘들었어요. 저는 몇십 번이나 전화를 걸다가 겨우 한 달 뒤의 예약을 잡은 적도 있었답니다. 그런데 코로나 팬데믹을 계기로 예약이나 웨이팅 시스템을 디지털로 개선한 가게들이 늘어났습니다. 야키니쿠 잠보도 이제 인터넷으로 해외에서도 예약할 수 있게 되었습니다. 이곳은 A5 등급의 흑우 와규和牛를 사용합니다. 고급 와규를 사용하니 가격은 비쌀 수밖에 없지만, 육질이 좋고 유니크한 메뉴들도 있어 개인적으로 추천하는 맛집입니다.

야키니쿠인데 스키야키처럼
날달걀에 찍어 먹는
'노하라야키(시가, 약 ¥2,000)'

MENU 야키니쿠 잠보 대부분의 메뉴는 직원이 직접 고기를 구워줍니다. 시그니처 메뉴는 '노하라야키野原焼'. 얇게 저민 채끝살에 타레(일본어로 양념류는 전부 '타레'라고 불러요)를 발라 구워요. 고기가 워낙 얇아 숯불에 올린 뒤 한두 번만 뒤집으면 바로 먹을 수 있습니다. 신선한 날달걀에 찍어 드셔보세요. 짭짤한 양념과 날달걀이 잘 어울리는 데다가 밥과 같이 먹기에 딱 좋아요.

와규 안심을 얹은 서양풍 솥밥인 '소 안심 솥밥牛ご飯(우시고항)'도 꼭 드셔야 해요.* 주물 냄비에 부용bouillon(고기나 채소를 끓여낸 프랑스식 맑은 육수)을 넣어 밥을 짓고, 부드럽게 구운 와규 안심을 얹는 메뉴입니다. 간장, 마늘, 버터, 적포도주로 만든 소스가 뿌려져 있고, 전체적으로 서양풍의 음식이지만 일본인들이 집에서 자주 먹는 버터 간장밥과 비슷한 느낌입니다. 원래 메뉴판에 없고 아는 손님만 주문할 수 있는 특별 메뉴였지만, 이제는 이걸 먹으러 오는 손님도 있을 만큼 유명해졌어요. 밥 짓는 데 시간이 꽤 걸리는 메뉴이니 혹시 드시고 싶으면 인터넷 예약 시 주문해야 해요.

'우설黒毛和牛タン(규탄)'도 꼭 드셔보세요.** 우설을 먹어본 적이 없는 한국인이 많을 것 같지만, 일본에서 처음 먹어봤는데 감동했다고 말하는 한국인이 제법 있어요. 레몬즙을 짜서 먹으면 꿀맛입니다. 또, '샤토브리앙シャトーブリアン' 스테이크도 각별한 맛입니다.

TIP 야키니쿠 잠보는 도쿄 네 곳에 점포가 있습니다. 구글에서 'table-check yakiniku jumbo'로 검색하면 혼고점과 하나레はなれ(혼고 별관, 조용하고 분위기 세련된 점포), 시로카네점, 시노자키 본점의 예약 웹페이지가 나와요. 시노자키 본점은 접근성이 떨어지니 다른 분점에 가는 걸 추천합니다.
인기가 많은 가게라 방문 전 예약 일정을 넉넉히 잡는 게 좋습니다. 두 달 후 일정까지 예약할 수 있습니다. 인터넷 예약 시 신용카드를 등록해야 하는데, 결제는 당일 가게에서 합니다.

ORDER 저의 추천 메뉴는

노하라야키(野原焼): 직원에게 문의. 그날 그날 가격이 다른데 ¥2,000 정도
소 안심 솥밥(牛ご飯, 우시고항): 小(2~4인분) ¥11,000, 中(5~7인분) ¥16,500, 大(8~12인분) ¥22,000 ※인터넷 예약 시 주문 필수
우설(黒毛和牛タン, 규탄): ¥2,500
샤토브리앙(シャトーブリアン): 직원에게 문의. 그날그날 가격이 다른데 ¥2,500 정도

유형 흑우 와규 야키니쿠집 **상호** 야키니쿠 잠보(焼肉ジャンボ) **구글맵검색** yakiniku jumbo + hongo / hanare / shirokane / shinozaki **가격대** ¥10,000~ **예약** 인터넷('Table Check yakiniku jumbo'로 검색) **영업시간** 17:00~23:00 **휴무** 무휴

【혼고점】
위치 혼고(本郷). 도쿄메트로 마루노우치선 혼고산초메역 5번출구 도보 5분 **주소** Bunkyo-ku Hongo 3-38-1

【하나레】
위치 혼고(本郷). 도쿄메트로 마루노우치선 혼고산초메역 5번출구 도보 5분 **주소** Bunkyo-ku Hongo 3-27-9

【시로카네】
위치 시로카네(白金). 도쿄메트로 난보쿠선 시로카네타카나와역 A4출구 도보 7분 **주소** Minato-ku Shirokane 3-1-1

【시노자키 본점】
위치 시노자키(篠崎). 도에이 지하철 신주쿠선 시노자키역 남쪽 출구 도보 15분 **주소** Edogawa-ku Shinozakimachi 4-13-19

야키니쿠와 곱창 먹으러 호르몬 마사루에 갑니다。

명문대가 있는 대학로에서
1,000엔 야키니쿠 런치를!
'호르몬 마사루(ホルモンまさる)'

평일 런치 한정 메뉴!
'야키니쿠 정식(¥1,000)'

STORY 앞서 소개한 '야키니쿠 잠보'가 가격대 높은 맛집이었다면, 이번에는 저렴하고 서민적인 고깃집을 소개해 드리고자 합니다. '호르몬 마사루'는 일본 명문대인 게이오대학이 있는 미타三田에 위치한 맛집입니다. 학생들이 많은 동네라서 그런지 가격이 저렴한 편이에요. '호르몬ホルモン'은 '내장'을 뜻해요. 상호에 '호르몬'이라는 말이 있으면 야키니쿠도 호르몬(곱창 같은 내장류)도 다양하게 파는 가게라고 생각하면 돼요. 한국에서는 대개 삼겹살은 삼겹살집, 곱창은 곱창집, 이렇게 판매하는 고기 종류에 따라 가게가 나눠져 있지만, 일본은 그렇지 않습니다. 야키니쿠집(호르몬집)에서 소고기와 돼지고기, 곱창 같은 내장류도 골고루 맛볼 수 있어요.

MENU 일본의 고깃집들은 저녁시간대에만 운영하는 경우가 많은데요, 이곳은 평일에는 오후 1시 30분부터, 주말에는 낮 12시부터 브레이크 타임 없이 운영해요.
저는 평일 런치 한정 메뉴인 '야키니쿠 정식焼肉定食'을 주문했습니다(평일 오후 1시 30분~3시 제공). 즉석 양념육, 맑은 국, 잘게 자른 양파가 제공되고, 가격은 딱 1,000엔! 숯불 화로에 각자 알아서 구워먹는 방식이라, 혼밥도 편하게 즐길 수 있습니다.

양념육의 경우 한국에서는 고기를 양념에 재워두었다가 먹는데, 일본에서는 주문과 동시에 양념을 버무려 내는 게 일반적이에요. 이곳에서도 일본식 즉석 양념육을 드실 수 있어요.
저는 개인적으로 곱창을 좋아하는데요. 이곳에서는 곱창을 호르몬이 아닌 한국어 발음 그대로 곱창이라 불러요. 하지만 제공 방식은 생소할지도 모르겠어요. 한국에서는 매콤한 양념에 버무리거나 소금구이로 먹지만, 일본에서는 미소 된장 양념을 발라서 굽습니다.* 된장의 짭조름한 감칠맛이 숯불과 어우러져 밥반찬으로도 좋아요.
디너 타임에는 단품에서 메뉴를 골라요. 단품 내장류는 400~700엔, 갈비, 등심 등 야키니쿠류는 800~1,000엔입니다.

TIP 일본인은 무엇이든 밥이랑 먹는 걸 좋아하는데, 특히 야키니쿠는 최고의 밥반찬이랍니다. 고기를 먹을 때 밥은 필수이기 때문에 정식으로 주문하는 걸 선호해요. 야키니쿠를 쌈으로 싸먹는 경우는 별로 없는 데다 여기서는 쌈 채소가 아예 나오지도 않아요. 쌈 채소 대신 생 양배추(280엔)를 추가해 곁들여 먹곤 합니다. '왜 양배추를? 공짜도 아닌데!'라고 생각하는 한국인들도 계시겠지만, 양배추는 달달하고 아삭해 고기와 잘 어울리기도 하고 가벼운 안주처럼 먹기도 해요. 일본 이자카야에서 양배추 이외에도 오이, 토마토 같은 채소를 사이드 메뉴로 제공하고 있어요. 채소 자체의 맛이 좋으니 한번 시도해 보세요.

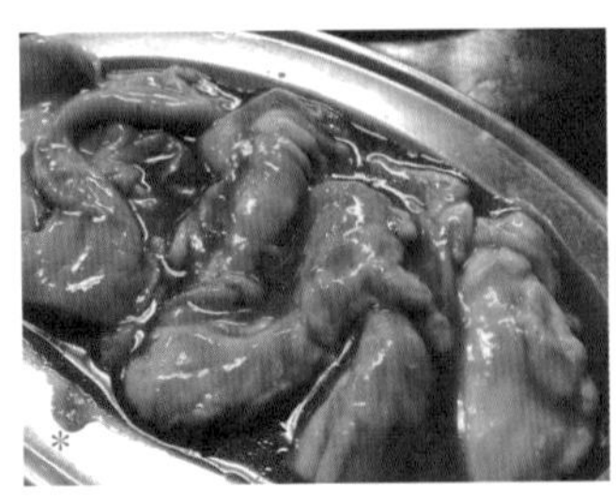
*

ORDER 저의 추천 메뉴는

야키니쿠 정식(焼肉定食, 야키니쿠 테이쇼쿠): ¥1,000
※평일 13:30~15:00 런치 한정 메뉴
곱창(コプチャン): ¥490

유형 야키니쿠, 곱창 맛집　**상호** 호르몬 마사루(ホルモンまさる)　**구글맵검색** horumon masaru　**가격대** ¥1,000~　**웨이팅** ⊖⊖⊖　**영업시간** 평일 13:30~22:30(L.O. 22:00) ※런치 타임 13:30~15:00 / 토·일요일 12:00~22:30(L.O. 22:00)　**휴무** 비정기　**위치** 미타(三田). JR야마노테선 다마치역 미타 출구 도보 4분, 도에이 지하철 아사쿠사선 · 미타선 미타역 A3 · A7출구 도보 3분　**주소** Minato-ku Shiba 5-21-14

우설 먹으러 규탄 아라에 갑니다。

야키니쿠집에 안 가도 우설을
먹을 수 있는 맛집
'규탄 아라(牛たん荒)'

야키니쿠집에서 자주 보던
우설구이를 메인으로 즐겨보자!
'우설 숯불구이 정식(¥2,145)'

STORY 여러분은 우설을 드셔보셨나요? 한국에서는 우설을 먹어본 적이 없는 사람이 의외로 많은 것 같아요. 특수 부위를 파는 고깃집에도 우설이 없는 경우가 많고요. 반대로 일본 고깃집에 가면 꼭 있는 부위가 바로 우설이에요. 일본인에게 좋아하는 야키니쿠 메뉴가 무엇이냐고 물어보면 우설이라고 대답하는 사람이 정말 많을 거예요. 일본에서는 우설을 '규탄牛タン'이라고 부릅니다. 제대로 손질한 신선한 우설은 잡내가 없어요. 다른 부위로는 맛볼 수 없는 쫄깃쫄깃한 식감이 매력적이에요. 한국인들도 처음엔 주저하는 것 같지만, 한번 먹어보면 그 매력에 빠져 일본에 올 때마다 꼭 먹고 싶어지는 메뉴가 될지도 몰라요.
이번엔 우설을 메인으로 식사하거나 술도 먹을 수 있는 현지 맛집을 소개해 드릴게요. 바로 신주쿠 맛집 '규탄 아라'입니다.

MENU 규탄 아라는 런치 타임에 우설 정식을, 디너 타임에는 각종 우설 요리를 술과 함께 즐길 수 있는 곳입니다. 이곳의 우설 정식은 우설구이, 꼬리곰탕, 보리밥, 토로로(간 마, 226쪽 토로로 전문점 참조), 츠케모노漬け物(절임채소)가 세트로 나옵니다. 보리밥과 토로로를 같이 주는 건 동북지방 미야기현 센다이仙台의 우설집 스타일이에요. 센다이는 일본에서 우설집이 가장 많은데, 건강하게 우설을 먹어줬으면 하는 마음으로 영양가 높은 보리밥과 토로로도 같이 제공하게 되었다고 합니다.

우설은 카운터석 바로 앞에서 직원이 숯불에 구워줍니다. 고기 안쪽이 살짝 미디엄레어 정도로 익혀서 주세요. 적당한 탱탱함을 입안 가득 느낄 수 있어요. 처음에 아무것도 찍지 않고 우설 본래의 맛을 즐기고, 나중에 고춧가루를 좀 뿌려 먹거나, 고추냉이와 절임채소를 우설에 얹어 먹어도 맛있어요. 저는 개인적으로 구이 스타일로 먹다가 후반에 남은 우설과 토로로를 다 밥에 얹어 우설덮밥(규탄동)으로 먹는 걸 좋아합니다.

TIP 런치 타임의 우설 정식은 우설 양 보통이 2,145엔, 우설 양 대大가 2,970엔이에요. 개인적으로는 양 보통도 푸짐하고 충분히 만족스러웠습니다. 평일만 런치 타임에 문을 엽니다. 디너 타임에도 우설 정식을 주문할 수 있지만, 런치 타임보다 비쌉니다(우설 양 보통이 2,695엔, 대가 3,520엔). 일본도 물가가 전체적으로 올라가고 있는데, 특히 우설 가격이 많이 올랐어요. 재료비와 수요의 상승 때문이라고 합니다. 규탄 아라의 메뉴가 싼 편은 아니지만, 맛의 질도 양도 상당히 좋은 우설 맛집이라고 생각합니다.

LOCATION 규탄 아라는 신주쿠와 하네다에 점포가 있습니다. 신주쿠점은 신주쿠역 서쪽 출구에서 도보로 2분 걸리는데 지하에 있으니 입구를 잘 찾으세요. 하네다공항점은 제2터미널 지하 1층에 있어요.

ORDER 저의 추천 메뉴는
우설 숯불구이 정식(牛たん定食, 규탄 테이쇼쿠): 런치 ¥2,145, 디너 ¥2,970

유형 규탄 맛집 **상호** 규탄 아라(牛たん荒) **가격대** ¥2,000~ **웨이팅** ⊖⊖⊖

【신주쿠점】
구글맵검색 gyutan ara **영업시간** 평일 런치 11:30~14:00, 디너 17:00~23:00 / 주말·일본 공휴일 디너 17:00~22:00 **휴무** 연말연시 **위치** 신주쿠(新宿), JR신주쿠역 서쪽 출구 도보 2분 **주소** Shinjuku-ku Nishishinjuku 1-16-4 B2

【하네다공항점】
구글맵검색 sendai gyutan ara haneda **영업시간** 9:00~22:00 **휴무** 무휴 **위치** 하네다공항(羽田空港), 하네다공항 제2터미널 지하 1층 **주소** Haneda Airport Terminal 2, B1

샤브샤브 먹으러 샤브센에 갑니다。

혼밥 손님도 대환영하는 샤브샤브 맛집
'샤브센(しゃぶせん)'

STORY 혼밥러에게 착한 나라, 일본. 스시든 야키니쿠든 어떤 음식이라도 1인 식사가 가능한 가게가 있죠. 그런데 아무리 프로 혼밥러라도 불편한 음식이 있다면 바로 전골류가 아닐까 싶어요. 샤브샤브나 스키야키는 2인분 이상 주문해야 하는 경우가 많으니까요. 한국에서도 비슷하지요.

샤브샤브 고기는
육질이 월등한 흑우 와규로!
'흑우 와규 립아이 100g(¥5,280)'

'샤브센'은 1인도 환영하는 샤브샤브 전문점입니다. 일설에 따르면, 1971년 오픈한 '샤브센'은 당시 도쿄에서 처음으로 '1인 전용'을 어필한 혼밥 원조집이라고 합니다(물론 2인 이상도 입장 가능). 카운터석에 1인용 전골냄비가 준비되어 있고, 혼자서도 육질이 최고인 흑우 와규 샤브샤브를 주문해 먹을 수 있어요. 여기는 규동 체인점처럼 먹는 데 집중하는 손님이 많은 만큼 회전율도 빨라요. 물론 인기 있는 가게라서 웨이팅이 있을 수도 있지만 생각보다 오래 기다리지 않고 들어갈 수 있을 거예요. 원래 샤브샤브집은 고급하고 들어가기 부담스러운 곳이 많았지만, 샤브센은 효율적인 시스템, 합리적인 가격으로 많은 현지인의 사랑을 받고 있습니다. 런치는 2,000엔대, 디너는 3,000엔대면 정통 샤브샤브를 맛볼 수 있습니다.

MENU 고기 종류로는 흑우 와규黒毛和牛(A3/A5), 국산 소国産牛, 국산 돼지国産豚가 있는데, 저는 흑우 와규를 추천하고 싶습니다. 실은 국산 소는 와규(일본 재래 품종)가 아닌 경우도 있거든요. 송아지를 외국에서 수입해 국내에서 키우면 국산 소로 표기할 수 있기 때문입니다. 물론 이곳의 국산 소는 육질이 나쁘지 않지만, 개인적으로는 다소 비싸도 흑우 와규를 드셔보시는 게 좋다고 생각합니다. 저는 흑우 와규와 국산 소를 다 먹어봤는데, 육질은 흑우 와규가 월등합니다.

저는 런치 메뉴인 '흑우 와규 립아이黒毛和牛リブロース(쿠로게와규 리브로스) A3 100g'을 주문했습니다. 한 장당 약 25g의 고기가 다섯 장 나왔어요. 혹시 고기를 더 먹고 싶으면 추가도 가능합니다. 참고로 흑우 와규 A3 150g은 6,820엔, A5 150g은 9,900엔. 고기 양과 등급에 따라 비싸지만, 이곳의 A5 와규는 다른 곳에서 먹으면 1만 엔이 넘는 만큼 퀄리티가 좋습니다. 이곳은 유명 노포 샤브샤브집 '자쿠로ざくろ'와 같은 회사에서 운영하고, 긴자 주변의 고급 고깃집에 못지않은 고기를 캐주얼하게 즐길 수 있습니다.

샤브샤브를 주문하면 세트로 반찬(3종 중 하나 선택), 고기와 같이 끓여 먹는 재료(배추, 버섯, 두부, 미역, 자른 곤약), 밥, 디저트가 나옵니다. 샤브샤브 마무리로 면(중화 국수)을 넣어 먹을 수도 있어요. 고기를 찍어 먹을 소스로는 고마타레ゴマタレ(크리미한 참깨소스)와 폰즈ポン酢(감귤류가 들어 있는 새콤한 간장소스)가 나와요. 고기뿐만 아니라 소스까지 일품이고, 포장 판매도 해요.

TIP 카운터석 안쪽에 고기 슬라이서가 있는데요. 주문을 받은 후 슬라이서로 고기를 잘라주므로 항상 갓 자른 고기를 먹을 수 있어요. 캐주얼하게 먹는 가게이지만, 직원의 접객 수준은 상당히 높습니다. 피크 타임에도 친절하게 샤브샤브 불순물을 자주 걷어내 주십니다.

고마타레와 폰즈.
포장 구매 가능.

LOCATION 가게는 긴자 중앙거리에 면하는 GINZA CORE 빌딩에 있다가 2023년 8월 맞은편에 위치한 EXITMELSA 8층으로 이전했습니다. 자리 수는 65석입니다. 웨이팅이 없으면 그냥 들어가면 되는데요, 혹시 웨이팅이 있으면 입구에 설치된 번호표 발행기에서 번호표를 뽑고 대기하세요.

ORDER **저의 추천 메뉴는**

흑우 와규 립아이 샤브샤브

(黒毛和牛リブロース, 쿠로게와규 리브로스)

100g: ¥5,280

유형 샤브샤브 맛집 **상호** 샤브센 긴자점(しゃぶせん 銀座店) **구글맵검색** shabusen ginza **가격대** ¥3,000~(카드 가능) **웨이팅** ⊖⊖⊖ **영업시간** 평일 런치 11:00~16:30(L.O. 15:30), 디너 17:00~22:00(L.O. 21:00) / 토·일요일, 일본 공휴일 11:00~22:00 **휴무** 연말연시, EXITMELSA 빌딩 휴무일 **위치** 긴자(銀座), 도쿄메트로 긴자역 A3출구 도보 1분, JR유라쿠쵸역 중앙 출구 도보 7분 **주소** Chuo-ku Ginza 5-7-10 EXITMELSA 8F

스키야키 정식 먹으러 니쿠노 타지마에 갑니다 。

한국의 '정육식당'과 같은 고기 전문점
'니쿠노 타지마(肉の田じま)'

STORY '니쿠노 타지마'는 1층 정육점, 2층과 3층은 야키니쿠, 스키야키, 샤브샤브, 스테이크 등 다양한 고기요리를 먹을 수 있는 고기 전문점입니다. 한국의 '정육식당' 같은 곳이에요. 특히 품질이 좋은 와규 '마츠사카우시松阪牛'를 거래하는 고깃집으로 유명해요. 인터넷으로 일본 전국에 판매도 합니다.

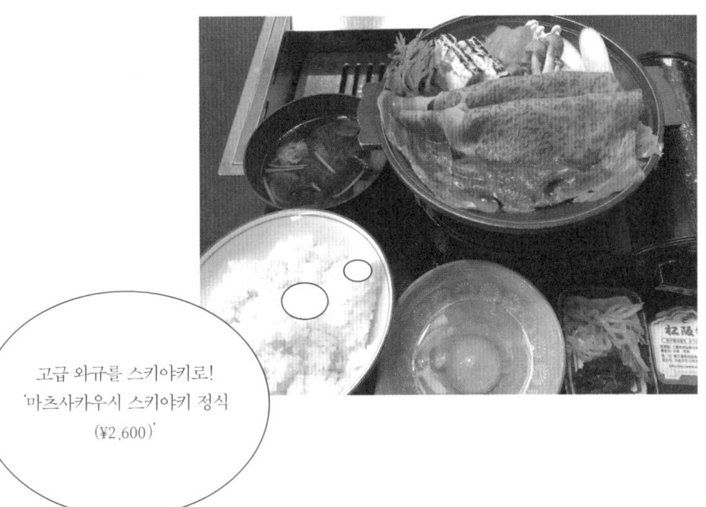

고급 와규를 스키야키로!
'마츠사카우시 스키야키 정식
(¥2,600)'

그런데 혹시 마츠사카우시를 먹어본 적이 있나요?('마츠사카규'라고 부르기도 하지만, 정확한 명칭은 '마츠사카우시'예요.) 마츠사카우시는 간사이 지방의 질이 좋은 송아지를 선별하여 철저히 사육 관리한 와규로, 일본의 다양한 와규 중에서도 가장 고급스럽다고 알려져 있습니다. '고기의 예술품'이라고도 불리는데요. 고기에 지방이 아주 아름답게 들어 있어 비주얼도 화려합니다. 한국에서는 이런 고기를 마블링이 좋다고도 하죠. 지방이 많은 고기인데도 그 맛이 품위 있고 야키니쿠뿐만 아니라 스키야키나 샤브샤브로 먹어도 맛있습니다.

MENU 마츠사카우시는 평소에 부담 없이 먹을 수 있는 가격대의 와규는 아니에요. 하지만 이곳에서는 비교적 저렴하게 먹을 수 있습니다. 런치 메뉴로 '마츠사카우시 스키야키 정식松阪牛すき焼き御膳'이 있어요. 뭐니 뭐니 해도 마츠사카우시는 스키야키로 먹는 게 좋은 듯합니다! 스키야키 정식을 주문하면 고기의 산지, 생산자 이름, 등급(A5 랭크)이 기재된 '마츠사카우시 개체식별번호(인증서)'도 함께 나온답니다.*

아무래도 샤브샤브, 스키야키는 점심보다 저녁에 먹는 음식이라는 이미지가 있는데요. 이곳에서는 점심시간에 스키야키를 1인분부터 먹을 수 있어서 혼밥도 문제없어요.
런치 메뉴를 먹을 수 있는 시간은 오전 11시~오후 2시까지입니다. 런치 마츠사카우시 스키야키 정식은 가격이 2,600엔(고기 두 장)인데요. 고기를 추가할 경우 1,200엔을 더 내야 해요. 고기를 많이 먹는 사람에게는 고기를 추가해도 양이 부족하다고 느껴질 수도 있어요. '배불리 먹고 싶다'기보다는 '마츠사카우시를 맛보고 싶다'는 분에게 추천합니다.

TIP 일본을 대표하는 전골요리라고 하면 일본인들은 '스키야키すき焼き'를 떠올리는 사람이 많은 것 같아요. 스키야키는 얇게 자른 소고기와 대파, 배추, 쑥갓, 표고버섯, 두부, 실곤약 등을 끓이는 일본 전골요리입니다. 샤브샤브와 달리 얕은 전골냄비를 사용하는 게 특징이에요. 육수는 간장을 중심으로 설탕이나 요리주料理酒를 섞은 것입니다. 일본 마트에는 스키야키 육수를 간단히 만들 수 있는 조미료인 '스키야키노 타레すき焼きのタレ'를 파는데요. 이 스키야키 육수의 맛이 일본인들이 생각하는 가장 일본다운 맛이라고 할 수 있을 것 같아요.
스키야키는 가정식이기도 하지만, 외식으로 먹으면 고급스러운 음식이에요. 음식점에서는 등급이 좋은 고급 와규를 써서 그런 것 같아요. 접대 음식으로 스키야키를 먹는 경우도 많고요.

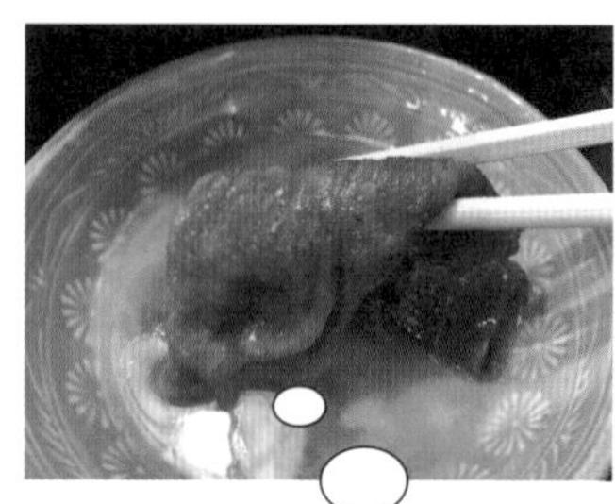

날계란을 풀어
고기를 찍어 먹으면 꿀맛!

ORDER 저의 추천 메뉴는

마츠사카우시 스키야키 정식(松阪牛すき焼き御膳, 마츠사카우시 스키야키 고젠): ¥2,600

고기 추가(肉追加, 니쿠 츠이카): ¥1,200

'마츠사카우시'를 먹을 수 있는 런치 메뉴는 스키야키밖에 없습니다. 스키야키는 '마츠사카우시의 스키야키'와 보통의 '국내산 소고기의 스키야키' 두 가지가 있으니 주문할 때 '마츠사카우시의 스키야키'라고 확실히 말해야 합니다. 1층은 정육점이고 식당은 2층이니까 식사를 하려면 우선 2층으로 올라가세요.

디너 타임에 제공하는 마츠사카우시 스키야키는 6,380엔으로 런치 타임보다 많이 비싸요. 하지만 일반적인 마츠사카우시 스키야키는 1만 엔 넘는 가게도 적지 않으니, 이곳은 아주 착한 가격이라 할 수 있습니다.

유형 정육식당, 고기 전문점 **상호** 니쿠노 타지마(肉の田じま) **구글맵검색** nikuno-tajima **가격대** ~¥3,000(카드 가능) **웨이팅** ㊀ **영업시간** 11:00~23:00(런치 타임 11:00~14:00) **휴무** 월요일 ※월요일이 일본 공휴일인 경우 화요일 휴무 **위치** 오우기바시(扇橋). 도쿄메트로 한조몬선 기요스미시라카와역 B2출구 도보 15분, 도쿄메트로 한조몬선/도에이 지하철 신주쿠선 스미요시역 A1출구 도보 15분 정도, 도에이 지하철 신주쿠선 기쿠카와역 A4출구 도보 15분 **주소** Koto-ku Ogibashi 1-4-1 2F

쇼가야키 정식 먹으러 코즈치에 갑니다 。

에비스 주변 회사원들이
매일 줄을 서서 먹는다는
동네 식당 '코즈치(こづち)'

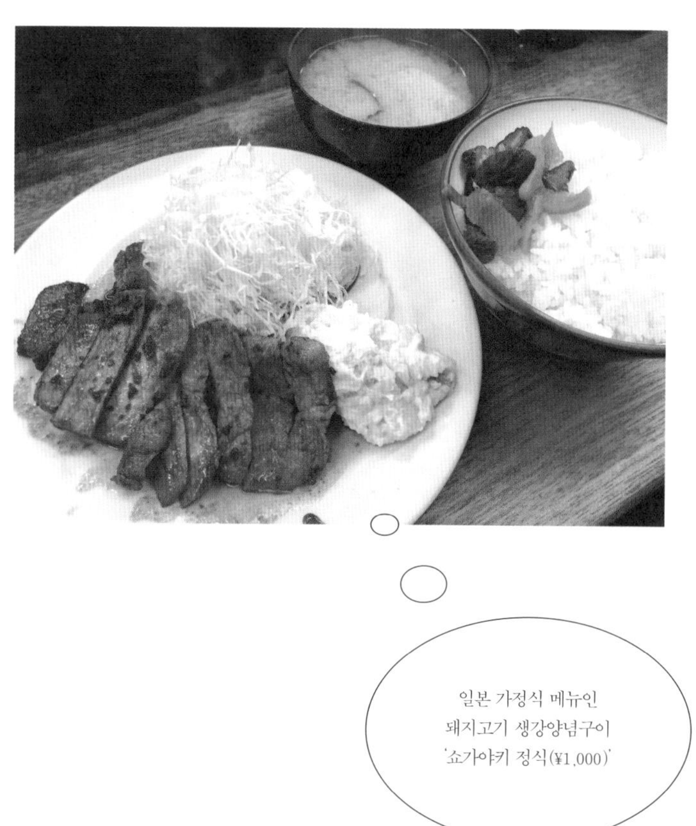

일본 가정식 메뉴인
돼지고기 생강양념구이
'쇼가야키 정식(¥1,000)'

STORY 다소 허름해도 운치 있고 오랫동안 현지인들의 사랑을 받아온 동네 식당. 드라마 〈고독한 미식가〉를 좋아하는 사람이라면 그런 식당을 떠올릴 수 있겠죠? 에비스역 근처에 있는 로컬 식당 '코즈치'는 '쇼가야키生姜焼き' 맛집으로 칭찬이 자자해요. 매일 주변 회사원들이 줄을 서서 먹는 식당입니다. 외국인이라면 들어가는 데 약간 용기가 필요할 수 있어요. 하지만 로컬 분위기를 체험하고 싶다면 도전해 보세요!

MENU 보통 일본 동네 식당의 기본 메뉴로는 볶음밥チャーハン(차항)*, 닭튀김唐揚(카라아게), 부추와 간 볶음レバニラ炒め(레바니라이타메)**, 볶음면やきそば(야키소바), 전갱이튀김あじフライ(아지후라이), 함바그ハンバーグ 등이 있는데요. 특히 젊은 일본 남자들이 즐겨 먹는 메뉴가 '돼지고기 생강양념구이'인 '쇼가야키'입니다. 생강양념에 고기를 재워두었다가 구워 먹는 거예요. 쇼가야키는 일본 가정집에서 흔히 해 먹는 요리인데요. 식당 메뉴에도 있는 경우가 많아요. 간간한 간장 베이스의 맛이 밥과 잘 어우러져 밥도둑 같은 메뉴라고 할 수 있습니다. 코즈치의 다른 메뉴들도 맛있습니다. 저는 볶음밥, 멘치카츠, 부추와 간 볶음 정식도 좋아해요.

TIP 영업시간은 저녁 6시까지인데 종종 일찍 문을 닫는 경우도 있어요. 직장인 손님이 많으니 점심시간 전후 피크 타임은 피하는 게 좋습니다. 오후에는 브레이크 타임 없이 운영합니다.

ORDER 저의 추천 메뉴는

쇼가야키 정식(肉生姜 定食, 니쿠쇼가 테이쇼쿠): ¥1,000〔돼지고기 생강양념구이 정식〕
볶음밥(チャーハン, 차항): 中 ¥800, 大 ¥900
멘치카츠(メンチカツ): ¥350
부추와 간 볶음 정식(レバニラ炒め定食, 레바니라이타메 테이쇼쿠): ¥1,000

메뉴판에는 '肉生姜 定食(돼지고기 생강 정식)'이라고 쓰여 있는데 주문할 땐 그냥 '쇼가야키'라고 해도 됩니다. 동네 식당이다 보니 메뉴가 일본어로만 적혀 있어요. 추천 메뉴 이름을 잘 기억해 두고 방문하면 좋을 것 같습니다.

유형 일본 가정식, 일본식 중국요릿집 **상호** 코즈치(こづち) **구글맵검색** kozuchi ebisu **가격대** ~¥1,000(카드 가능) **웨이팅** ㊀㊀㊀ **영업시간** 10:30~18:00 ※가끔 일찍 문을 닫음 **휴무** 일요일 **위치** 에비스(恵比寿), JR야마노테선 에비스역 서쪽 출구 도보 3분 **주소** Shibuya-ku Ebisu 1-7-6

야키토리 먹으러 지도리야에 갑니다 。

신바시 회사원들이 즐겨 찾는
야키토리 맛집 '지도리야(地鶏屋)

STORY 일본 회사원들이 퇴근 후에 "가볍게 술 한잔하자!"라고 할 때 가는 대표적인 곳이 야키토리집이에요. 야키토리(닭꼬치)가 시원한 맥주와 잘 어울려서 그런 것 같습니다(야키토리에 대한 설명은 35쪽 참조). 도쿄에서 야키토리집이 가장 많은 동네는 신바시입니다. 신바시는 긴자에서도 가까운데요. 회사가 많이 모여 있는 곳이어서 맛집이나 이자카야 술집도 많아요. 서울의 을지로나 종로와 비슷하죠. 신바시에는 야키토리집이 엄청 많은데요. 그중에서도 '지도리야'는 신바시역에서 떨어져 있어서 조금 걸어야 하지만, 가볼 만한 야키토리 맛집이에요. 신바시의 로컬 야키토리집은 실내가 좁고 가게 안이 어두운 경우도 많은데 여기는 밝고 깔끔해서 좋습니다.

다양한 야키토리를 맛볼 수 있는
'지도리야 특선 야키토리
6종 세트(¥2,780)'

MENU 지도리야의 야키토리는 전체적으로 육질이 부드럽고 육즙이 가득해요. 저온으로 천천히 익혀서 그런 걸까요. 이곳의 야키토리 메뉴에는 보기 드문 특수 부위도 있어요. 혹시 무엇을 먹으면 좋을지 고민된다면 일단 '지도리야 특선 야키토리 6종 세트地鶏屋特選6本セット'를 주문해 보세요. 닭다리살과 대파 꼬치, 츠쿠네つくね, 닭 날개살, 메추리알, 그리고 당일 추천 야키토리 두 가지가 세트로 나옵니다. 츠쿠네는 함바그처럼 다진 고기를 빚어 구운 음식이요. 야키토리집의 츠쿠네는 보통 닭고기로 만든 것입니다. 반숙란이 함께 나오는데 달걀을 터뜨려서 소스처럼 찍어서 먹어보세요.

제가 경험한 바로는 세트로 나오는 꼬치 중에 닭 간レバー이 있는 경우가 많지만, 혹시 닭 간이 없다면 꼭 따로 주문하기를 추천합니다. 여기 닭 간은 정말 꿀맛이에요. 미디엄레어 정도로 익혀서 나오는데 맛이 진하고 입안에서 스르르 녹습니다. 그리고 닭 날개살 카라아게手羽先うまから揚げ도 인기 메뉴입니다. 야키토리 세트에도 닭 날개살(소금구이)이 있지만, 단짠단짠한 맛의 카라아게(닭튀김)로 먹어도 맛있습니다.*

여유가 있으면 마지막 식사로 닭 육수 국밥鶏雑炊(토리조스이)도 드셔보세요.

TIP 지도리야는 인기가 많은 가게라서 피크 타임에는 예약 없이 못 들어가는 경우가 있어요. 되도록 타베로그tabelog.com에서 예약을 하세요. 예약을 하지 않았다면 피크 타임을 피해서 가시길 바랍니다.

ORDER 저의 추천 메뉴는

지도리야 특선 야키토리 6종 세트(地鶏屋特選6本セット, 지도리야 토쿠센 롯폰 세트): ¥2,780
닭 날개살 카라아게(手羽先うまから揚げ, 테바사키 우마카라아게): ¥803

야키토리 메뉴 중에는 간장 베이스 양념(タレ, 타레)이나 소금(塩, 시오) 중에서 맛을 고를 수 있습니다. 주문할 때 "레바 타레(닭 간 양념으로), 카와 시오(닭 껍데기 소금으로)"처럼 부위와 맛을 직원에게 말하면 됩니다. 이곳의 야키토리 메뉴에는 보기 드문 특수 부위도 있어요.

유형 야키토리 맛집 **상호** 지도리야(地鶏屋) **구글맵검색** jidoriya sinbasi **가격대** ¥3,000~5,000(카드 가능) **웨이팅** ⊖⊖⊖⊖ **영업시간** 월~목요일 15:00~23:30(L.O. 22:30) ※런치 영업 안 함, 금요일 15:00~24:00(L.O. 23:00), 토요일 14:00~22:00(L.O. 21:00) **휴무** 일요일, 일본 공휴일 **위치** 신바시(新橋), JR야마노테선 신바시역 히비야(日比谷) 출구 도보 5분 **주소** Minato-ku Shinbashi 2-3-7 2F

카라아게 먹으러 미야가와에 갑니다 。

야키토리집이지만 카라아게가 별미!
'미야가와(宮川)'
宮川
宮川

STORY 한국에 치킨이 있다면, 일본에는 '카라아게から揚げ'가 있죠. 카라아게는 비주얼이 순살 프라이드 치킨과 비슷한데요. 일본식 '닭고기튀김'이라고 생각하면 됩니다. 가끔 한국인들 중에 카라아게와 텐푸라의 차이가 무엇인지를 묻는 분이 있습니다. 분명 둘 다 튀김류이지만 일본인 입장에선 확실히 다른 장르랍니다. 우선 튀김옷에 큰 차이가 있어요. 재료에 미리 양념을 한 뒤 튀김옷을 살짝 입혀 튀기는 게 카라아게, 재료에 어떠한 간도 하지 않고 튀김옷을 두껍게 입혀 튀기는 것이 텐푸라입니다.

폰즈에 찍어 밥과 함께 먹는
'카라아게 정식(¥980)'

카라아게의 재료는 주로 닭고기이며, 텐푸라는 새우를 비롯해 다양한 해산물과 각종 채소들이 쓰입니다('토리텐'이라는 닭고기 텐푸라가 있지만, 그건 향토 음식이라 전국적으로 먹는 텐푸라는 아닙니다). 또한 텐푸라는 소금이나 '텐츠유(간장 베이스 국물)'에 찍어 먹는데, 카라아게는 보통 그대로 먹습니다. 취향에 따라 마요네즈를 찍거나 레몬즙을 뿌려 먹기도 합니다.

이번엔 야키토리집인데 카라아게가 인기 메뉴인 '미야가와'를 소개할게요. 미야가와는 1949년 창업한 닭고기 도매업체가 차린 맛집입니다. 도쿄역 동쪽 동네인 가야바초에 본점을 두고, 도쿄에 몇 군데 분점도 운영하고 있어요.

MENU 이곳의 주요 런치 메뉴는 카라아게 정식과 야키토리동(야키토리 덮밥)입니다. 야키토리를 덮밥이나 밥반찬으로 먹는 게 일본에서 흔한 일이라는 건 돈부리 장에서 언급했는데요. 카라아게 역시 밥반찬으로 먹곤 합니다. 일본에서는 탄수화물, 튀김을 포함해 모든 메뉴가 밥을 맛있게 먹기 위해 존재한다고 말해도 과언이 아니에요. 특히 카라아게는 흰밥에 잘 어울리도록 튀김옷에 마늘 간장 양념으로 간이 되어 있습니다.

앞서 카라아게는 마요네즈를 찍거나 레몬즙을 뿌려 먹기도 한다고 했는데, 이곳에서는 폰즈(감귤류가 들어간 새콤한 간장소스)에 찍어 먹습니다. 다진 파를 넣은 폰즈에 카라아게를 찍어 먹으면 느끼할 수 있는 카라아게를 산뜻하게 먹을 수 있어서 좋아요. 일본에서는 닭고기 전골을 먹을 때도 폰즈에 찍어 먹는데, 닭고기와 폰즈는 정말 잘 어울린답니다. 런치 메뉴인 카라아게 정식은 980엔, 디너 타임에는 단품 요리로 카라아게를 900엔에 제공합니다.

LOCATION 가게 위치는 도쿄메트로 히비야선, 도자이선 가야바초역 2번 출구에서 도보 2분 거리에 있지만, 저는 도쿄역 야에스 출구로 나와 걸어갔어요. 도쿄역에서 도보로 약 15분 소요됩니다.
이쪽 동네는 도쿄 최대 규모의 사무실 밀집지역인데 노포 맛집도 많아요. 점심시간엔 현지 회사원들이 식사를 하러 나옵니다. 여유롭게 식사할 수 있는 분위기는 아니지만 현지 맛집이 많은 곳이에요.

TIP 미야가와는 가야바초 본점을 비롯해 네 군데 분점이 있습니다. 아카사카점, 도요스점, 요츠야점, 오테마치점이 있어요. 구글맵에서 yakitori miyagawa + akasaka / toyosu / yotsuya / otemachi로 검색하고 가보세요. 요츠야점만 런치 영업을 하지 않습니다.

ORDER 저의 추천 메뉴는
카라아게 정식(から揚げ定食, 카라아게 테이쇼쿠): ¥980 ※런치 메뉴

유형 야키토리 맛집 **상호** 야키토리 미야가와 가야바초점(やき鳥 宮川 茅場町店) **구글맵검색** yakitori miyagawa kayabacho **가격대** 런치 ¥1,000, 디너 ¥3,000~ **웨이팅** ⊖⊖⊖ **영업시간** 평일 런치 11:00~13:30, 디너 17:00~22:00(L.O. 21:15) **휴무** 토·일요일, 일본 공휴일 **위치** 가야바초(茅場町). 도쿄메트로 히비야선·도자이선 가야바초역 2번출구 도보 2분, JR도쿄역 야에스(八重洲) 출구 도보 15분 **주소** Chuo-ku Nihonbashikayabacho 3-5-1

치킨난반 먹으러 코시탄탄에 갑니다 。

규슈 미야자키현의 명물 치킨난반
맛집 '코시탄탄(虎視眈々)'

STORY 치킨난반チキン南蛮은 타르타르소스와 새콤달콤한 식초 양념이 잔뜩 뿌려져 있는 닭튀김입니다. 앞서 소개한 카라아게から揚げ와 비슷하지만, 카라아게는 튀김옷에 간이 되어 있어서 소스를 뿌리지 않고 그대로 먹어요. 치킨난반은 타르타르소스, 달달한 식초 양념과 같이 먹어야 맛있습니다.

치킨을 좋아한다면
꼭 먹어봐야 할 일품
'치킨난반 정식(¥1,000)'

치킨난반은 규슈 미야자키宮崎의 향토 음식인데요. 저는 규슈에 살았을 때 치킨난반에 푹 빠졌었어요. 도쿄에도 치킨난반을 파는 곳이 있기는 하지만, 본고장인 규슈에서처럼 맛있는 치킨난반은 보기 힘들거든요. 저는 규슈에서 도쿄로 돌아온 후 그 맛을 잊을 수 없어서 맛있는 치킨난반을 찾으러 열심히 돌아다녔습니다. 그리고 겨우 만족스러운 치킨난반을 찾을 수 있었는데 그곳이 바로 '코시탄탄'이에요.

여담이지만, '네모 씨, 가장 좋아하는 일식이 뭐예요?'라는 질문을 받았을 때, 저는 치킨난반이라고 대답합니다. 개인적으로 무척 좋아하는 음식이지만, 카라아게나 텐푸라만큼 지명도가 높지 않은 것이 아쉽습니다. 특히 치킨을 좋아하는 한국인에게 강추하고 싶습니다.

LOCATION 가게는 약간 골목 안쪽에 숨어 있어요. 조금 더 설명해 드리면 시부야역에서 찾아간다고 할 때 TOKYU HANDS를 지나 조금 더 걸으면 Manhattan Records가 보여요. 그 레코드점을 끼고 오른쪽 골목으로 들어가면 돼요. 영업 중에는 '虎視眈々(코시탄탄)'이라고 쓴 간판이 골목 입구에 서 있어요.

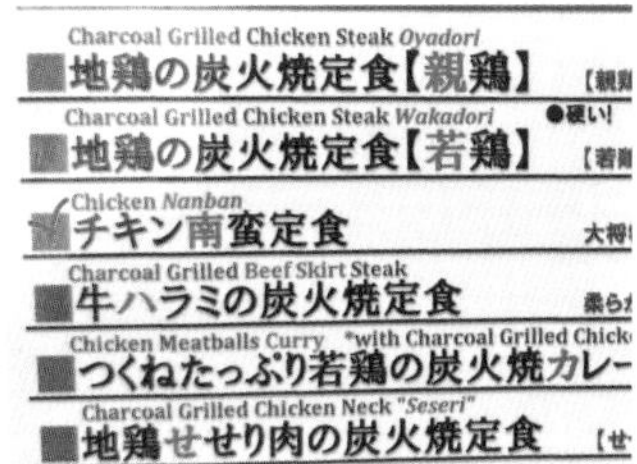

ORDER 저의 추천 메뉴는

☞ 런치 메뉴

치킨난반 정식(チキン南蛮定食, 치킨난반 테이쇼쿠): ¥1,000

☞ 디너 메뉴

치킨난반(チキン南蛮) 단품: 레귤러 사이즈 ¥1,480, 하프 사이즈 ¥900

유형 야키토리, 닭고기 요리 이자카야 **상호** 코시탄탄(虎視眈々) **구글맵검색** koshitan-tan shibuya **가격대** 런치 ~¥1,000, 디너 ¥3,000~ **웨이팅** ⊖⊖⊖ **영업시간** 평일 런치 11:30~14:00 ※토요일 런치 영업 안 함, 디너 18:00~23:00 / 토요일·일본 공휴일 17:00~22:30 **위치** 시부야(渋谷), JR시부야역 하치코(ハチ公) 출구 도보 10분 **주소** Shibuya-ku Udagawacho 10-2

닭고기 사시미 스테이크 먹으러 시로가네야에 갑니다 。

가성비 좋은 숯불구이 이자카야
'시로가네야(白銀屋)'

닭고기를 스테이크처럼 먹는 '다이센도리 닭고기 사시미 스테이크 정식(¥980)'

STORY 일본의 음식점에서는 지난 몇 년 사이 '다이센도리大山鶏'라는 브랜드의 닭고기를 종종 볼 수 있게 되었습니다. 닭고기도 소고기나 돼지고기처럼 브랜드 고기가 인기 있답니다. 다이센도리는 일본 돗토리현鳥取県의 명품 닭고기예요. 깨끗한 물을 먹고 잘 사육 관리된 닭이어서 육질이 아주 좋답니다. 보통 그런 브랜드 닭고기는 닭꼬치인 야키토리焼き鳥로 먹는 경우가 많은데요. 숯불구이 맛집 '시로가네야'에서는 다이센도리를 레어 스테이크로 먹을 수 있습니다. 고기가 신선하다면 레어로 먹는 게 육질을 가장 잘 즐길 수 있는 방법이죠.

MENU 이곳에서는 레어 스테이크를 '사시미 스테이크刺身ステーキ'라고 부르는데 고기 안쪽이 사시미(회)처럼 빨개요. 물론 닭고기는 잘 익혀서 먹어야 하지만, 철저하게 위생 관리한 닭고기는 육회로 먹기도 하거든요. 닭고기를 육회로 먹는 것을 일본에서는 '도리사시鳥刺し'라고 합니다. 시로가네야에서는 도리사시를 조금 두껍게 잘라 스테이크처럼 살짝 익혀 먹는 독특한 스타일이어서 소문이 난 것 같습니다. 다이센도리 닭고기 이외에도 숯불에 구운 생선구이, 돼지고기구이, 소고기구이 등 다양한 메뉴가 있어요. 가성비도 아주 좋은 맛집입니다.

TIP 시로가네야에서는 '로바타야키炉端焼き(고기, 생선, 채소 등의 숯불구이)'가 메인 메뉴이고, 런치는 정식집, 디너는 이자카야처럼 영업합니다. 니시신주쿠 본점 이외에 오테마치점, 츠키지점, 도요스점, 무로마치점, 다메이케산노점, 나카노사카우에점이 있어요. 구글맵에서 shiroganeya + otemachi / tsukiji / toyosu / muromachi / nakanosakaue로 검색해 보세요. 요츠야점만 런치 영업을 하지 않습니다.

LOCATION 가장 가까운 역은 지하철 니시신주쿠역인데, JR신주쿠역 서쪽 출구에서도 걸어갈 수 있는 거리입니다.

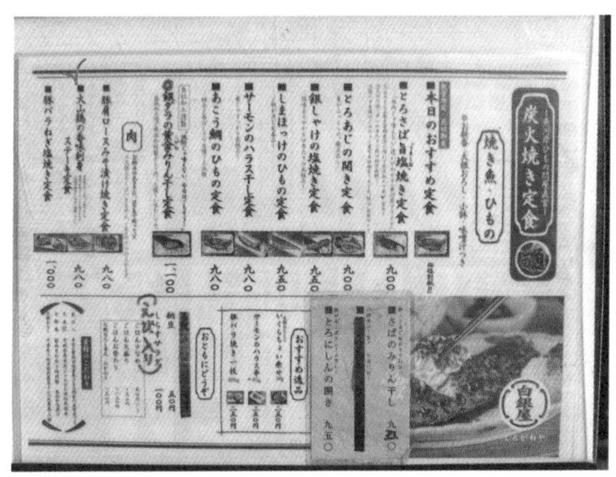

ORDER 저의 추천 메뉴는

☞런치 메뉴

다이센도리 닭고기의 향미 레어 스테이크 정식(大山鶏の香味刺身ステーキ定食, 다이센도리노 코미 사시미 스테키 테이쇼쿠): ¥980

☞디너 메뉴

다이센도리 닭고기의 향미 레어 스테이크(大山鶏の香味刺身ステーキ, 다이센도리노 코미 사시미 스테키) 단품: ¥780

생선구이 모둠 5개(魚串焼きおまかせ 5本, 사카나쿠시야키오마카세 고혼): ¥930

삼겹살 파 소금구이(豚バラねぎ塩焼, 부타바라네기시오야키): ¥780

유형 숯불구이 맛집, 이자카야 **상호** 시로가네야(白銀屋) **구글맵검색** sirokaneya shinjuku **가격대** 런치 ~¥1,000, 디너 ¥1,000~ **웨이팅** ㊀㊀㊀ **영업시간** 런치 11:30~14:30(L.O. 14:00), 디너 17:00~22:30(L.O. 21:45) **휴무** 일요일, 일본 공휴일 **위치** 니시신주쿠(西新宿), JR신주쿠역 서쪽 출구 도보 10분, 도쿄메트로 마루노우치선 니시신주쿠역 도보 5분, 도에이 지하철 오에도선 신주쿠니시구치역 도보 5분 **주소** Shinjuku-ku Nishishinjuku 7-19-7

모츠니코미 먹으러 아부쿠마테이에 갑니다.

진한 된장으로 푹 끓여 만든
곱창 조림이 궁금하다면
'아부쿠마테이(あぶくま亭)'

밥과 잘 어울리는
'와규 곱창 된장조림
삶은 달걀 정식(¥1,100)'

STORY 앞서(142쪽 호르몬 마사루) 일본 야키니쿠집에서는 내장류(호르몬) 구이를 같이 제공하는 집이 많다는 걸 소개했는데요. 내장류는 끓여서 전골이나 조림으로도 먹어요. 한국인들에게는 '모츠나베もつ鍋(간장이나 된장으로 끓인 곱창 전골)'가 유명하죠. 모츠나베는 후쿠오카 하카타 지방의 향토 음식이라서, 그 밖의 지역에서는 전골보다 조림 스타일인 '모츠니코미もつ煮こみ'가 일반적이에요. 바로 곱창 된장조림입니다. 이자카야에서 반찬이나 안주로 파는 메뉴에요. 모츠나베와 달리 모츠니코미(곱창 된장조림)는 걸쭉한 된장 국물이 졸아들 때까지 끓여서 국물이 많지 않아요. 맛이 진하고 술안주로 먹는 이미지가 있지만, 밥반찬으로도 좋습니다.

이번에 소개할 맛집 '아부쿠마테이'는 모츠니코미를 메인 메뉴로 파는 맛집입니다. 런치 타임에 모츠니코미를 정식으로 제공하고, 디너 타임에는 이자카야로 영업을 합니다.

MENU 가게에 들어가면 카운터석 앞에 아주 큰 냄비가 보입니다. 이 큰 냄비로 곱창을 푹 끓여 만들어요.* 메뉴명은 '와규 쿠로니코미和牛黒煮こみ(와규 곱창 된장조림)'. 와규 내장을 사용하는 된장조림으로, 곱창과 각종 내장류, 그리고 무가 들어 있어요. '쿠로'는 검은색이라는 뜻인데, 오래 숙성한 된장인 '핫초미소八丁味噌'의 색깔이 진하고 검은색에 가까운 데서 메뉴명이 유래했습니다. 된장 색깔이 진해서 맛도 진할 것 같지만, 의외로 짜지는 않습니다. 런치 타임에는 정식으로 제공되는데, 곱창 된장조림 맛이 흰밥과 잘 어울립니다.

비슷한 메뉴로 츠키지 시장 맛집 '키츠네야きつねや'의 호르몬동(곱창조림 덮밥)이 한국인 관광객들에게 유명한데, 개인적으로는 이곳 '아부쿠마테이'의 쿠로니코미 정식을 추천해 드리고 싶습니다.

런치 메뉴는 와규 곱창 된장조림에 삶은 달걀(된장 국물로 끓임)을 넣은 정식和牛黒煮こみ(大)煮玉子入り(와규 쿠로니코미 다이 니타마고이리, 1번), 그리고 곱창 된장조림에 전갱이 튀김이나 돼지고기 샤브샤브, 연어 소금구이 등 각종 반찬이 세트로 나오는 정식 메뉴(2~4번)가 있습니다. 2~4번 세트 메뉴는 조림의 양이 좀 적어요. 저는 1번 정식을 주문했습니다. 메뉴명이 길어서 말하기 불편하기 때문에 주문할 때 일본어로 "이치방(1번)"이라고 말하면 됩니다.

가게가 위치한 간다는 주변에 대학교와 전문학교가 있고, 비교적 저렴한 맛집이 많은 지역이랍니다. 아부쿠마테이 또한 모든 런치 메뉴가 1,100엔으로, 맛도 가성비도 매우 좋은 편이라고 생각합니다. 디너 타임에는 모츠니코미가 단품으로 850엔이고, 사시미나 술과 잘 어울리는 각종 이자카야 메뉴가 있습니다.

ORDER 저의 추천 메뉴는

☞ 런치 메뉴

와규 곱창 된장조림 삶은 달걀 정식(① 和牛黒煮こみ(大)煮玉子入り, 와규 쿠로니코미 다이 니타마고이리): ¥1,100

☞ 디너 메뉴

와규 곱창 된장조림(和牛黒煮こみ, 와규 쿠로니코미): ¥850

유형 모츠니코미 맛집, 이자카야 **상호** 아부쿠마테이(あぶくま亭) **구글맵검색** abukumatei **가격대** 런치 ¥1,000~, 디너 ¥3,000~ **웨이팅** ⊖⊖ **영업시간** 런치 11:30~14:00, 디너 18:00~23:00(L.O. 22:30) **휴무** 토·일요일, 일본 공휴일 **위치** 간다(神田), JR간다역 서쪽 출구 도보 6분 **주소** Chiyoda-ku Uchikanda 1-7-7

Chapter. 5

SAKANA

생선

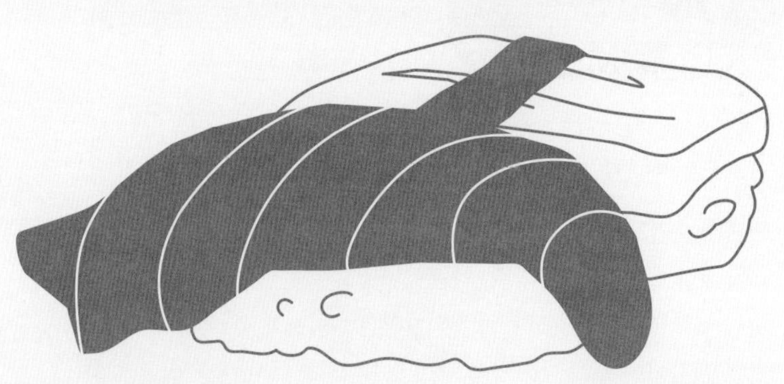

바다에 둘러싸인 일본은 신선하고 다양한 해산물을 먹을 수 있는 나라예요. 일본에서 해산물이 맛있는 지역으로는 홋카이도나 후쿠오카가 유명한데 사실 도쿄도 도쿄항東京湾에 면해 있는 바다와 가까운 지역입니다. 도쿄항 역시 풍부한 해산물이 잡히는 바다예요. 도쿄항에서 어부로 일하셨던 제 할아버지 덕분에 저는 어렸을 때 신선한 생선을 많이 먹을 수 있었습니다. 그래서 고기보다 생선을 더 즐겨 먹게 되었나 봐요.

이 장에서는 도쿄의 맛있는 생선(해산물) 맛집을 소개해 드리겠습니다. 도쿄의 생선 맛집에는 도쿄항뿐만 아니라 일본 전국에서 온 맛있는 생선이 모여 있어 다양한 생선 요리를 즐길 수 있습니다. 일본 생선 요리 중에서도 가장 궁금해하실 메뉴는 초밥, 바로 '스시寿司/鮨'가 아닐까 싶어요. 요즘 스시집은 스타일이 다양해져서 들어가는 데에 용기가 필요한 고급스러운 가게도 많아졌는데요. 스시가 시작된 '에도시대江戸時代(1603~1868년)'에는 노점에서 서민들이 편하게 먹는 음식이었답니다. '에도시대의 패스트푸드'라고나 할까요. 그러다 보니 현대의 고급스러운 곳보다는 회전초밥집이 당시의 콘셉트에 더 가깝다고 할 수 있을 것 같네요.

참고로 일본에서 스시를 먹을 때 한국에서와는 다른 점이 몇 가지 있는데요. 일본에서는 젓가락을 안 쓰고 스시를 손으로 집어 먹기도 합니다. 물론 어떻게 먹는지는 자유이지만, 일본에서는 '스시를 좋아하는 사람은 손으로 먹는다'라는 이미지가 있는 것 같습니다. 스시의 밥은 식감이 좋도록 부드럽게 지은 경우가 많아서 젓가락을 사용하면 밥알이 흩어질 수도 있기 때문입니다. 그리고 또 하나, 간장을 찍어 먹을 때 스시를 뒤집어서 밥이 아닌 생선에 간장을 찍는 것이 맛있게 먹는 방법이라고 하는데요. 이렇게 먹으려면 젓가락을 쓰는 게 좀 불편해요. 그래서 편히 손으로 먹는답니다. 저도 스시집에서는 손으로 먹어요. 일본에서 스시를 손으로 먹는 것은 전혀 이상한 일이 아니니까 한번 도전해 보세요.

또 하나는 와사비(고추냉이)예요. 스시에는 와사비가 들어 있잖아요. 그래서 보통 와사비를 따로 주지 않습니다. 물론 더 달라고 하면 주기는 해요. 일반적으로 일본에서 와사비는 맛을 돋보이게 하는 양념이라고 생각해서 많이 넣는 것을 약간 이상하게 보기도 해요. 혹시 와사비를 잘 못 먹는다면 '사비누키サビ抜き(와사비를 빼달라는 뜻)'라고 주문하면 됩니다. 아, 그리고 한국 초밥집에서는 락교가 많이 나오는데 일본에는 없어요. 일본 초밥집에서는 '가리ガリ(식초에 절인 생강)'가 나옵니다.
이번 장에서는 비교적 가성비가 좋은 스시 맛집과 함께 한국과는 좀 다른 생선 요리도 소개해 드릴게요.

TOKYO GOURMET TOUR / SAKANA / 01

오마카세 스시 먹으러 만텐스시에 갑니다。

푸짐하게 20여 종의 스시를
만끽할 수 있는 오마카세 스시 맛집
'만텐스시(まんてん鮨)'

STORY 최근 한국에서도 오마카세가 많이 알려졌다는 걸 뉴스로 봤어요. 한국인 친구들에게 물었더니 오마카세라는 일본어 그대로 통한다고 해서 무척 놀랐습니다.

스시와 각종 요리가 푸심하세 나오는
맛도 가성비도 좋은 '오마카세(¥8,800)'

오마카세おまかせ는 원래 '마카세루まかせる('장인에게 맡기다'라는 뜻)'에서 온 말이에요. 오마카세 주문이 들어오면, 우선 장인은 손님이 좋아하는 생선, 못 먹는 생선이 무엇인지 물어보고, 잠시 얘기를 나누며 손님의 취향을 파악해요. 손님의 정보와 그날 들어온 생선 종류를 고려해 요리사가 제공하는 게 바로 오마카세입니다. 손님이 먹는 속도와 스시를 만드는 타이밍을 맞추기 위해 한 피스씩 제공하는 것이 일반적이에요.

일본 현지에서 오마카세라는 말은 가격과 상관없답니다. 동네 스시집에서 오마카세를 싸게 주문할 수도 있어요. 예를 들어 "타이쇼大将(스시 장인을 가리키는 말)! 오늘 3,000엔 정도로 오마카세 주세요." 이런 식으로 말할 수도 있어요. 최근에 외식 가격이 전체적으로 올랐기 때문에 아주 싼 오마카세집은 찾기 어렵지만, 저렴한 가게는 5,000엔대부터, 미쉐린 스시집에서도 1만 엔대부터 오마카세를 제공하기도 해요. 일부 고급 스시집에서는 3만~5만 엔 정도인데 그건 완전 하이엔드로 보면 될 듯합니다.

이번 맛집은 합리적인 가격으로 오마카세 스시를 즐길 수 있는 '만텐스시'라는 곳입니다. 2022년까지 딱 3,000엔으로 품질 좋은 오마카세를 먹을 수 있어서 인기를 모은 맛집이었지만, 원가 상승에 따라 2024년 8,800엔까지 올랐어요. 그래도 가성비가 좋다는 평가는 여전합니다.

MENU 보통 일본 스시집에서 오마카세를 주문하면 먼저 '츠마미つまみ(안주류)'가 몇 가지 나오고, 스시는 10피스 정도 나오는 것 같아요. 하지만 만텐스시에서는 츠마미, 스시 외의 사시미, 디저트까지 포함해 8~10종, 스시 13~15종이나 제공합니다. 츠마미, 네타ネタ(스시 밥 위에 얹는 생선)는 날마다 조금씩 달라져요. 참고로 제가 갔을 땐, 재첩국에 이어 츠마미로 미역귀, 소라 조림, 두부 우엉 셀러리 샐러드, 달걀찜, 꼴뚜기 젓갈, 사시미(2종). 스시로 참치(2종), 성게알(우니)*, 새우(2종), 장어, 조개류 등… 그리고 마무리 식사류로 다진 참치살을 얹은 김초밥**, 연어알 미니 덮밥***까지 총 25종이 나왔습니다. 먹다가 후반쯤 되니까 '여기에 더 나오는 건가? 이제 충분히 배부른데…' 생각할 만큼 푸짐하게 먹었어요. 양과 질 모두 좋은 스시를 원하는 분도 만족할 만한 오마카세입니다.

TIPS 가게는 히비야점, 마루노우치점, 니혼바시점이 있어요. 세 곳 모두 도쿄 중심부에 있습니다. 예약은 필수이고, 구글에서 'manten sushi tablecheck'로 검색하면 예약 페이지가 나옵니다. 오마카세 스시는 다른 손님들과 시간을 맞춰서 요리를 시작하는 특성상, 예약한 시간에 늦지 않게 가야 해요. 메뉴가 다 나올 때까지 약 90분 걸립니다.
카운트석(다찌석)과 테이블석이 있는데, 세 명 이상으로 예약을 잡은 경우 테이블석을 안내 받을 가능성이 커요.
앞서 일본 오마카세 주문 시 장인과 얘기를 나눈다고 했지만, 특별히 원하는 게 없으면 아무 말도 하지 않아도 됩니다. 혹시 못 먹는 생선이 있으면 간단한 영어로 말씀하세요.

ORDER 저의 추천 메뉴는
오마카세(おまかせ): ¥8,800

유형 오마카세 스시집 **상호** 만텐스시(まんてん鮨) **구글맵검색** manten sushi + hibiya / marunouchi / nihonbashi **가격대** ¥8,800 ※런치·디너 동일 가격 **예약** 인터넷('manten sushi tablecheck'로 검색) **영업시간** 런치 11:00~15:00(L.O. 14:00), 디너 17:00~23:00(L.O. 21:30) ※90분제, 런치 11:00~ 11:30~ 13:00~ 13:30~ 디너 17:00~ 17:30~ 21:00~ 21:30~ **휴무** 무휴

【히비야점】
위치 히비야(日比谷), JR유라쿠초역 히비야 출구 도보 7분, JR신바시역 히비야 출구 도보 5분 **주소** Chiyoda-ku Uchisaiwaicho 1-7-1 Hibiya OKUROJI G24

【마루노우치점】
위치 마루노우치(丸の内), JR도쿄역 마루노우치 남쪽 출구 도보 5분, JR유라쿠초역 국제포럼 출구 도보 5분, 도쿄메트로 치요다선 니주바시마에역 3번출구 도보 3분 **주소** Chiyoda-ku Marunouchi 2-6-1 Brick Square B1F

【니혼바시점】
위치 니혼바시(日本橋), 도쿄메트로 긴자선·한조몬선 미쓰코시마에역 A6출구 도보 2분, JR소부본선 신니혼바시역 3번출구 4분 **주소** Chuo-ku Nihonbashi 2-3-1 COREDO MUROMACHI2

초특선 스시 세트 먹으러 미도리스시에 갑니다。

1963년 창업해 60여 년간 사랑받아 온
'미도리스시(美登利寿司)'

구성이 알차고 가격도 합리적인
'초특선 니기리(¥3,630)'

STORY 한국에서 오마카세 스시의 인기가 높아졌다는 얘기는 많이 들어봤지만, 오마카세에도 약점이 있어요. 그건 스시가 다 나올 때까지 보통 90분, 길게는 두 시간이나 걸린다는 점입니다. 아무리 손님이 먹는 속도에 스시를 내는 타이밍을 맞춰준다고 해도, 제공 시간을 단축하기엔 한계가 있죠. 그렇다고 단품으로 하나하나 시키는 것은 번거롭고… 역시 가장 편한 건 '세트'가 아닐까 싶습니다. 세트를 주문하면 적당한 양이 한두 번에 나눠서 나오고, 종류도 골고루 먹을 수 있어서 좋아요. 세트로 스시를 먹을 때 추천하고 싶은 맛집이 '미도리스시'입니다. 이미 한국인에게도 많이 알려져 있지만, 저 개인적으로 이곳의 만족도는 고급 스시집에 못지않다고 생각합니다.

MENU 추천 메뉴인 '초특선 니기리超特選にぎり'는 추토로(참치 뱃살) 두 개, 계절의 흰살 생선, 붉은 새우, 대게, 피조개, 성게알(우니), 연어알(이쿠라), 바닷장어(아나고), 계란말이, 네기토로마키ネギトロ巻き(참치 뼈 부분에서 긁어낸 살로 만든 테마키즈시), 게 내장 샐러드, 차완무시茶碗蒸し(일본식 계란찜)로 구성되어 있어요. 세트의 내용은 시기에 따라 변경될 수 있습니다. 초특선 니기리 세트는 비싼만큼 신선하고 질이 좋은 생선을 사용해요. 혹시 카운터석에 앉게 된다면 직원이 직접 만드는 모습을 가까이서 보는 재미가 있을 겁니다. 다만 어느 좌석에 앉을지 정하는 건 어렵습니다. 참고로 '니기리'란 '움켜쥠'이라는 뜻인데, 직원이 스시를 만들 때 밥을 움켜쥐는 동작에서 온 말이에요. 카이센동(회덮밥)을 '지라시스시ちらし寿司'라고도 하는데요. '스시'와 '지라시스시' 둘 다 스시라고 하기 때문에 헷갈릴 수 있어요. 그래서 구별하기 위해 여러분이 알고 있는 바로 그 스시(초밥)를 '니기리'라고 부르는 것이랍니다. 일본 스시집에서만 쓰는 말인데, 여러분도 기억해 두었다가 현지에서 써먹으면 일본 스시를 잘 아는 미식가처럼 보일 거예요.

TIP 가게는 우메가오카 본점, 그리고 긴자, 시부야, 기치조지, 아카사카, 후타코타마가와에 점포가 있어요. 입구에 있는 키오스크에서 번호표를 발급받아 입장합니다(오픈 한 시간 전부터 발급 가능). 대기시간이 긴 경우가 많아요. 'Tablecheck'에서 온라인 예약도 가능합니다. 구글에서 'tablecheck midori sushi+umegaoka / ginza / shibuya / kichijoji / akasaka / futakotamagawa'로 검색하면 예약 페이지가 나옵니다. 우메가오카 본점은 관광객이 잘 안 가는 동네에 있지만, 로컬 분위기가 느껴져 저 개인적으로는 좋아하는 곳입니다.

ORDER 저의 추천 메뉴는
초특선 스시 세트(超特選にぎり, 초토쿠센 니기리): ¥3,630

유형 스시 맛집 **상호** 미도리스시 우메가오카 본점(美登利寿司 総本店 梅丘本館) **구글맵검색** midorisushi umegaokahonkan(다른 지점은 midorisushi로 검색) **가격대** ¥1,000~5,000(카드 가능) **웨이팅** ⊖⊖⊖⊖ **영업시간** 평일 런치 11:00~14:30(L.O. 14:00), 디너 17:00~21:00(L.O. 20:30) / 토·일요일, 일본 공휴일 11:00~21:00(L.O. 20:30) **휴무** 1월 1일 **위치** 우메가오카(梅ヶ丘), 오다큐 전철 우메가오카역 남쪽 출구 도보 1분 **주소** Setagaya-ku Umegaoka 1-20-7

타치구이 스시 먹으러 오노데라 토류몬에 갑니다 。

일류 스시집의 스시를 반값 이하로!
서서 먹는 스시집
'오노데라 토류몬
(おのでら 登龍門)'

왼쪽에서부터 참치 '붉은 살(¥520)',
'뱃살(¥660)', '대뱃살(¥880)'

STORY 일본에서 많은 사람이 스시를 먹기 시작한 때인 에도시대 후기(1800년대 전반), 그때 스시는 패스트푸드처럼 서서 먹는 음식으로 제공되었다고 해요. 서서 먹는 것을 일본어로 '타치구이立ち食い'라고 부릅니다. 일본에는 스시를 비롯해 소바나 우동, 스테이크 등을 서서 먹는 음식점이 많아요. 가볍게 먹을 수 있어서 좋고, 스시 같은 경우는 단품으로 원하는 스시만 골라 먹다가, 배가 부르면 언제든 원하는 타이밍에 식사를 마칠 수 있어서 편해요. 그런데 한국인들 중에는 서서 먹는 것에 익숙지 않은 분도 있을 것 같아요. 어떤 한국인 친구는 "서서 먹으면 시간에 쫓겨 급하게 먹는 것 같아서 불편해요"라고 말하더라고요. 물론 다 먹은 후 그 자리에서 길게 쉬는 건 안 되지만, 일본인들은 먹는 동안은 그리 신경 쓰지 않고 천천히 먹어요. 이번에 소개하는 '오노데라 토류몬'은 타치구이 스시집입니다. 웨이팅이 있을 경우 번호표를 뽑고 기다렸다가 순서가 오면 스마트폰으로 문자 메시지를 보내주는 시스템입니다. 그래서 먹을 때 더더욱 신경 쓰이지 않으니 걱정하지 않아도 돼요. 오노데라 토류몬은 2022년에 오픈한 긴자 스시집입니다. 오노데라 토류몬 근처에 고급 스시집인 '오노데라 긴자 본점'이 있고요, 미국(뉴욕, 로스앤젤레스, 하와이)과 중국 상하이에도 분점을 두고 있습니다(해외 분점들은 미쉐린 별을 몇 번이나 받았어요).

스시 업계는 연수 기간이 엄청 긴데(약 10년), 손님 앞에서 스시를 쥘 수 있는 자리는 많지 않아요. 그래서 오노데라 그룹에서는 되도록 많은 연습생(미래의 스시 장인)에게 현장 경험을 제공하고자 연수장을 겸해 오노데라 토류몬을 만든 겁니다.

오노데라 토류몬은 본점과 같은 생선을 사용하는데, 가격은 반값 이하로 제공합니다. 연습생의 '연수료'를 가미해서 싸게 가격 책정을 하는 거지요. 하지만 스시 퀄리티는 충분히 좋아요. 스시를 쥐는 기술과 일류 접객을 배우는 연수생들의 열기가 느껴지는 활기찬 스시집입니다.

MENU 오노데라는 일본에서 가장 신뢰받는 참치 도매업체에서 고품질의 참치를 구입합니다. 이곳에서는 꼭 참치를 먹어야 해요. 참치 붉은 살赤身(아카미), 뱃살中トロ(추토로), 대뱃살大トロ(오오토로)을 주문해서 맛을 한번 비교해 보세요. 뱃살을 살짝 익힌 아부리토로炙りトロ, 붉은 살을 간장 양념에 하룻밤 재워둔 에도마에 아카미즈케江戸前赤身漬け도 개인적으로 좋아합니다. 또, 우니(성게알) 2종(품위 있는 맛인 무라사키우니, 달콤하고 진한 맛인 바훈우니)*, 보리새우**도 추천 메뉴입니다. 스시에 없는 생선 회는 보통 스시집보다 두툼하고 큰 편입니다.

가격대는 한 개당 400~1,000엔 정도. 타치구이 스시는 저렴한 이미지가 있을지도 모르겠지만, 이런 고급 스시집의 타치구이 스시는 앉아서 먹는 일반 스시집과 가격 차이가 별로 없어요. 하지만 최고급 스시를 편안하게 먹을 수 있어서 아주 좋은 맛집이라고 생각합니다.

*

**

TIP 주문은 스마트폰으로 해요. 테이블 위에 놓인 QR코드를 찍으면 주문 화면이 뜹니다. 메뉴판을 영어로 변경할 수 있어요. 먹는 동안 무엇을 몇 개 먹었는지, 중간에 계산은 얼마나 나왔는지도 확인할 수 있어서 편리합니다. 계산은 좌석번호를 직원에게 전달하면 됩니다. 스시는 직접 손으로 집어 먹어도 되는데요, 혹시 손으로 드시는 분이라면 도중에 스마트폰을 만지는 것이 위생적으로 신경 쓰일 수도 있겠네요. 물수건으로 손을 잘 닦으며 주문할 수밖에 없습니다.
가게 오픈 시간은 오후 5시부터입니다. 번호표는 4시부터 가게 앞의 기계로 발급합니다. 꼭 4시까지 갈 필요는 없지만, 되도록 5시 전에 번호표를 받으러 가는 걸 추천합니다. 이곳은 서서 먹는 집이지만, 회전율은 빠르지 않아요. 대부분 식사하는 데 40~60분 정도 걸리는 경우가 많으니 타이밍이 안 맞으면 좀 오래 기다릴 수도 있습니다.

ORDER 저의 추천 메뉴는
참치 붉은 살(赤身, 아카미): ¥520
참치 뱃살(中トロ, 추토로): ¥660
참치 대뱃살(大トロ, 오오토로): ¥880
살짝 익힌 참치 뱃살(炙りトロ, 아부리토로): ¥880
하룻밤 간장 양념에 재워둔 참치 붉은 살(江戸前赤身漬け, 에도마에 아카미즈케): ¥520
보리새우(車海老, 쿠루마에비): ¥880
우니 2종 무라사키우니&바훈우니(ウニ2種食べ比べ, 우니니슈 타베쿠라베): ¥1,660

스마트폰 주문 화면
(영어로 변경 가능)

유형 타치구이(서서 먹는) 스시 맛집 **상호** 오노데라 토류몬(鮨 銀座おのでら 登龍門) **구글맵검색** 스시 긴자오노데라 등용문 or 鮨 銀座おのでら 登龍門 **가격대** ¥5,000~ **웨이팅** ⊖⊖⊖⊖ **영업시간** 17:00~22:00(L.O. 21:15) ※번호표는 16:00부터 발급 **휴무** 비정기 **위치** 히가시긴자(東銀座). 도쿄메트로 히비야선 히가시긴자역 4번출구 도보 2분 **주소** Chuo-ku Ginza 5-14-17

사시미 정식 먹으러 스시도코로 와카에 갑니다.

'스시도코로 와카(すし処 若)'에서는 1인분으로 여러 가지 사시미를 즐길 수 있어요.

STORY 날생선 하면 스시를 떠올리는 분이 많겠지만, '사시미 刺し身(회)'도 드셔보시는 걸 꼭 추천해 드리고 싶습니다.

혹시 일본에서 사시미 드셔보신 분이 있다면 어떻게 느꼈는지 궁금해요. 참치처럼 마블링이 많은 생선은 입안에서 살살 녹고, 고등어나 방어 같은 등푸른생선도 식감이 너무 부드럽지 않았나요? 사실 일본에서 유통되는 사시미 대부분은 선어(숙성 회)거든요. 한국에서 회는 씹을수록 쫄깃한 식감이 매력인 반면, 고기든 쌀이든 부드러운 식감을 선호하는 일본인은 생선 역시 부드럽게 잘 숙성시켜 먹어요. 어부들은 생선을 잡으면 배 위에서 사후경직이 시작되기 전에 바로 피를 빼서 처리합니다. 적당히 숙성한 생선은 감칠맛이 나고 식감과 맛이 부드럽습니다.

혹시 생선을 좋아하는 분이라면 일본에서 맛있는 선어 사시미를 만끽하고 가세요. 여담이지만 일본인은 부드러운 사시미만 먹어봤던 터라 한국에서 활어의 쫄깃한 식감에 충격을 받곤 합니다(모든 생선이 아무것도 처리하지 않아도 부드럽다고 착각하는 일본인도 있어서 그래요). 반대 이유로 한국인들은 놀랐을 수도 있겠네요. 이번에는 사시미 모둠 정식이 맛있는 기타센주 동네 스시집 '스시도코로 와카'를 소개해 드릴게요.

MENU 제가 추천하고 싶은 메뉴는 '사시미 13종 모둠 정식刺身定食 13種盛'입니다. 혹시 스시집이나 일본에서 '모리아와세盛り合わせ'라는 메뉴를 본 적이 있나요? 모리아와세를 한국어로 모둠회라고 번역하기도 하지만, 한국 모둠회와 일본 모리아와세는 양이나 스타일이 많이 달라요. 저는 한국 횟집에서 방어회가 나왔을 때, 정말 충격받았어요. '방어 한 마리가 통째로 나오다니! 이걸 다 먹을 수 있을까?' 싶어서요. 일본에서의 모리아와세는 사시미를 두세 점씩 골고루 내는 것이 일반적이에요.

보기도 좋고 맛도 좋은
'사시미 13종 모둠 정식(¥1,200)'

이곳의 사시미 정식은 참치 붉은 살(아카미), 참치 뱃살(추토로), 가다랑어, 연어, 방어, 전어, 단새우, 오징어, 문어, 가리비, 생멸치, 달걀말이 등으로 구성되어 있습니다. 물론 생선 한 종류의 양은 아주 적지만, 1인분에 이렇게 여러 생선을 먹을 수 있다는 것은 모리아와세 사시미 정식의 장점이 아닐까 합니다. 게다가 이게 1,200엔이라니. 사진을 보시면 사시미 하나하나가 신선하고 질이 좋다는 것이 느껴질 거예요.

또 하나의 인기 메뉴가 있습니다. 바로 '즈케 참치회덮밥本鮪とろづけ丼'입니다.* 즈케 덮밥이란 간장 양념에 살짝 절인 회를 얹은 회덮밥으로 일본 스시집에서 식사 메뉴로 종종 볼 수 있어요. 일본 서민들이 스시를 먹게 된 에도시대(1600년대~1800년대 중반)에는 냉장 기술이 발달하지 않아서 날생선이 상하지 않도록 간장 양념에 절여 보관했다고 합니다. 이렇게 양념에 담그는 걸 '즈케漬け'라고 부르거든요. 이제는 음식이 상하지 않게 하기보다는 간장을 따로 뿌리지 않고 쉽게 먹을 수 있도록 만든 덮밥이라고 생각하면 됩니다. 여기서는 최고급 참치 품종인 '혼마구로'를 사용해요. 마블링이 좋은 혼마구로 뱃살을 푸짐하게 얹어주는데 이게 1,700엔. 가격이 매우 좋습니다. 즈케 참치회덮밥은 런치 타임에 10인분만 판매하는 한정 메뉴입니다.

*

LOCATION 가게 오픈 시간은 오전 11시 30분, 보통 11시 전부터 웨이팅 줄이 생겨요. 혹시 늦게 도착하면 수량 한정 메뉴인 즈케동이 매진될 수 있으니, 11시쯤까지 방문하는 것이 좋습니다. 가게는 JR기타센주역 서쪽 출구에서 도보로 약 12분 걸려요. 역에서 멀고 애매한 곳에 있기 때문에 택시 타고 방문하는 것을 추천합니다. 사시미 정식과 즈케동은 런치 메뉴입니다. 디너 타임에는 사시미 정식을 제공하지 않습니다.

ORDER 저의 추천 메뉴는

☞ 런치 메뉴

사시미 13종 모둠 정식(刺身定食 13種盛, 사시미 테이쇼쿠 주산슈모리): ¥1,200

즈케 참치회덮밥(本鮪 とろづけ丼, 혼마구로 토로 즈케동): ¥1,700 ※수량 한정 메뉴

유형 동네 스시집　**상호** 스시도코로 와카(すし処 若)　**구글맵검색** すし処 若 or adachiku senjuyanagicho 3-3　**가격대** ¥1,000~　**웨이팅** ⊖⊖⊖⊖　**영업시간** 런치 11:30~13:30, 디너 17:00~21:30 ※화요일은 디너 영업 안 함　**휴무** 월요일　**위치** 기타센주(北千住), JR기타센주역 서쪽 출구 도보 12분　**주소** Adachi-ku Senjuyanagicho 3-3

카마야키 먹으러 지게에 갑니다 。

참치는 구워 먹어도 맛있다!
소금구이로 참치를 맛볼 수 있는
츠키지 맛집 '지게(じげ)'

STORY 일본인은 참치에 진심인 민족입니다. 스시집의 주인공은 언제나 참치죠. 참치는 스시나 사시미로 먹는 이미지가 강한 것 같아요. 날로 먹어야 신선한 맛, 부드러운 식감, 달콤한 마블링을 즐길 수 있다고요. 물론 일본에서도 참치는 사시미로 먹는 경우가 많지만 '카마'라는 부위는 가열해도, 아니 가열해야 맛있다고 생각합니다. 여기서 소개하는 츠키지 맛집 '지게'는 숯불구이 전문점인데, '카마야키 カマ焼き(참치 소금구이)'가 정말 맛있어요.

MENU '카마야키'를 한국 인터넷 포털에서 검색해 보니 '참치 머리구이'라고 나오더라고요. 하지만 실제는 아가미 옆, 뱃살에 가까운 부위거든요. '카마'는 참치를 사랑하는 일본인이 특히 좋아하는 부위이기도 합니다.

이곳 지게의 추천 메뉴는 '오늘의 혼마구로 스페셜'입니다. 카마야키와 참치의 갈비뼈 쪽 회가 세트로 나오는 수량 한정 런치 메뉴로, 간장을 뿌린 무즙과 같이 먹으면 꿀맛입니다.

이 메뉴에 사용하는 참치의 산지는 날마다 달라지지만, 제가 갔을 때는 일본 최고 명산지인 오오마大間산 참치가 나왔어요. 오오마산 참치는 하이엔드 오마카세 스시집에서도 쓰이는 것으로 알려져 있고, 정말 희소한 참치거든요. 이런 고급 참치를 사용한 메뉴가 1,600엔이라니 놀라운 가격입니다. 매일 오오마산 참치가 나오는 건 아닌 것 같지만, 언제나 질이 좋은 참치를 구매해 사용한답니다.

한번 빠지면 계속 생각나는 참치구이,
'오늘의 혼마구로 스페셜(¥1,600)'

LOCATION 가게는 도쿄메트로 히비야선 츠키지역 2번출구에서 도보로 3분, 도쿄메트로 히비야선 히가시긴자역 5번출구에서 도보로 5분 거리에 있습니다. 유명 관광지인 츠키지 시장 쪽이 아니고, 히가시 긴자 방면 골목에 위치합니다.

ORDER 저의 추천 메뉴는

오늘의 혼마구로 스페셜(本日の本鮪スペシャル, 혼지츠노 혼마구로 스페셜): ¥1,600
※런치 수량 한정 메뉴

유형 숯불구이 맛집 **상호** 지게(備長炭火焼 じげ) **구글맵검색** jige tsukiji **가격대** 런치 ¥1,000~, 디너 ¥5,000~ **웨이팅** ⊖ **영업시간** 평일 런치 11:30~14:00, 디너 17:00~22:00/토요일 디너 17:00~20:00 ※토요일은 디너 타임에만 영업 **휴무** 일요일, 일본 공휴일 **위치** 츠키지(築地). 도쿄메트로 히비야선 츠키지역 2번출구 도보 3분, 도쿄메트로 히비야선 히가시긴자역 5번출구 도보 5분 **주소** Chuo-ku Tsukiji 2-14-3

사바 미소니 먹으러 카도타에 갑니다 。

생선 애호가들이 찾아오는
숨은 맛집 '카도타(かどた)'

STORY '카도타'는 에비스역 서쪽 출구 부근에 있는 생선 맛집이에요. 눈에 잘 띄지 않는 건물의 지하에, 입구도 찾기 힘든 곳에 있지만 생선을 정말 좋아하는 사람들이 찾아오는 곳입니다.

MENU 런치 타임에는 1,000~3,000엔 정도의 생선구이를 파는데요. 저는 개인적으로 이곳의 런치 메뉴 중 일본식 고등어 된장조림인 '사바 미소니鯖味噌煮'를 가장 좋아합니다.
일본의 생선조림 중에서 고등어조림은 서민적인 요리라고 할 수 있습니다. 일본의 고등어조림은 된장으로 끓이는 경우가 많아요. 저는 매콤한 한국식 고등어조림을 아주 좋아하는데 된장으로 끓인 일본 고등어조림도 먹을 만합니다. 지역마다 사용하는 된장이 다르고 몇 가지 된장을 섞어서 사용하는 경우도 있습니다. 카도타에서는 감칠맛이 나는 빨간 된장赤みそ을 사용합니다. 고등어 뼈가 부드러워질 정도로 푹 조린 된장조림! 너무 맛있어서 저는 뼈까지 다 먹어버렸습니다. 아주 진한 된장으로 만든 고등어조림은 최고의 밥반찬이에요.
저녁에는 8,800엔의 생선 오마카세(코스 요리)를 제공합니다. 예약 필수이니 공식 홈페이지 (https://syokusaikadota.com) 또는 전화 +813-3780-1080로 예약하고 가세요.

푹 조려서 정말 부드러운
'사바 미소니(¥1,340)'

TABLE 점심시간에는 가츠오부시로 만든 후리카케(양념 가루)와 무즙이 무한리필됩니다. 무즙에 간장을 조금 뿌려서 생선구이와 함께 먹으면 시원해서 좋아요.

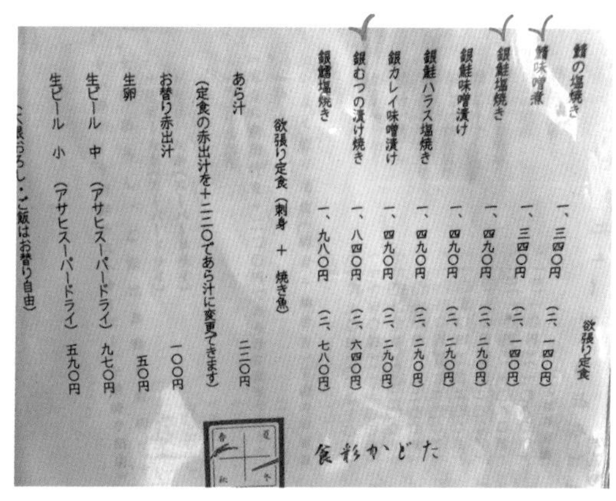

ORDER 저의 추천 메뉴는

☞ 런치 메뉴

고등어 된장조림(鯖味噌煮, 사바 미소니): ¥1,340

연어 소금구이(銀鮭塩焼き, 긴샤케 시오야키): ¥1,490

메로 양념구이(銀むつの漬け焼き, 긴무츠노 즈케야키): ¥1,840

런치 메뉴는 800엔을 더 내면 사시미를 추가할 수 있습니다. 혹시 사시미를 추가한 런치 메뉴를 주문하고 싶다면 "요쿠바리 테이쇼쿠(欲張り定食)"라고 말하면 됩니다.

유형 생선 맛집 **상호** 카도타(かどた) **구글맵검색** shokusai kadota **가격대** 런치 ¥1,000~3,000, 디너 ¥8,800(카드 가능) **웨이팅** ⊖⊖ **영업시간** 월~토요일 런치 11:00~15:00(L.O. 14:30), 디너 18:00~3:00(L.O. 2:00) **휴무** 일요일, 일본 명절 **위치** 에비스(恵比寿), JR야마노테선/도쿄메트로 히비야선 서쪽 출구 1분(Softbank Shop 옆 건물 입구로 들어와 계단을 내려와서 지하 1층) **주소** Shibuya-ku Ebisunishi 1-1-2 B1F

타이차즈케 먹으러 긴자 아사미에 갑니다 。

고급 코스요릿집 '긴자 아사미(銀座あさみ)'에서 차원이 다른 도미회 오차즈케를!

STORY 저의 한국인 친구들은 오차즈케는 참 일본스러운 음식이라고 하더라고요. 한국인도 국밥을 즐겨 먹지 않나요? 오히려 일본인보다 한국인이 더 국밥을 많이 먹는 것 같은데요. 그런데 얘기를 잘 들어보니 녹차를 부어 먹는 오차즈케는 한국 국밥과 스타일이 많이 다르게 느껴진다고 해요. 하긴 일본에서 녹차는 차의 기본이라고 생각합니다. 그래서 녹차를 일본日本(니혼)의 차茶라는 의미로 '니혼차日本茶'라고 부르기도 하거든요. 일본 편의점의 음료수 코너에 녹차 종류가 엄청 많이 있는 것만 봐도 일본인이 얼마나 녹차를 사랑하는지 알 수 있죠.
이번엔 조금 색다른 오차즈케를 먹을 수 있는 맛집 '긴자 아사미'를 소개해 드리겠습니다.

MENU 밥 위에 도미회를 얹는 오차즈케를 일본에서는 '타이차즈케鯛茶漬け'라고 해요. 일본어 '타이鯛'는 도미를 뜻해요. 타이차즈케는 원래 어부들이 배 위에서 먹던 음식으로, 회덮밥을 먹다가 남은 그릇에 국물을 부어서 또 새롭게 즐기던 것이, 생선 요리를 파는 가게 중 정식 메뉴로 내는 곳들이 생기면서 대중화되었습니다.
긴자 아사미는 일본 전통 코스요리 '카이세키懐石' 맛집입니다. 디너 타임엔 2만 2,000엔~3만 3,000엔의 카이세키 요리를 제공하는데요, 런치 타임에는 캐주얼하게 타이차즈케(2,000엔)를 먹을 수 있습니다. 오차즈케는 서민 음식이라 2,000엔이 비싸게 느껴질 수도 있지만, 도미를 비롯해 일본 최대 수산시장인 츠키지 시장에서 구매한 좋은 식재료를 사용하니 그만하면 적당한 가격이 아닐까 싶어요. 도미에 뿌려져 있는 참깨드레싱에는 호두나 캐슈넛이 들어 있어 고소하고 아주 진한 맛입니다. 타이차즈케는 도미회와 밥, 녹차, 고명이 세트로 나오는데요. 우선 녹차는 붓지 않고, 참깨드레싱이 뿌려져 있는 도미회를 밥에 얹어 맛보세요. 진한 소스와 밥이 정말 잘 어울립니다. 저는 그러고 나서 반 정도 남긴 도미회를 밥에 얹고, 녹차를 부어 오차즈케로 먹는 걸 좋아합니다.*
고급 카이세키 요릿집에서 먹는 타이차즈케는, 이자카야에서 먹는 오차즈케와 차원이 다른 맛일 겁니다.

도미회에 녹차를 부어 즐기는
'타이차즈케(¥2,000)'

TIP 카이세키 요리는 예약 필수지만, 타이차즈케(런치 메뉴)는 예약 없이 당일 방문해도 먹을 수 있습니다. 런치 타임 결제는 현금만 가능합니다.

ORDER 저의 추천 메뉴는

☞ 런치 메뉴

도미회 오차즈케(鯛茶漬け, 타이차즈케): ¥2,000

유형 카이세키 요릿집 **상호** 긴자 아사미(銀座あさみ) **구글맵검색** ginza asami **가격대** 런치 ¥2,000, 디너 ¥22,000~33,000 **웨이팅** ⊖⊖⊖ **영업시간** 런치 11:30~15:00(L.O. 14:00), 디너 17:30~23:00(L.O. 21:30) **휴무** 일요일, 일본 공휴일 **위치** 히가시긴자(東銀座). JR신바시역 긴자 출구 도보 7분, 도쿄메트로 히비야선 히가시긴자역 4번출구 도보 8분, 도에이 지하철 오에도선 츠키지역 A2출구 도보 5분 **주소** Chuo-ku Ginza 8-16-6

아지후라이 먹으러 아오키 쇼쿠도에 갑니다 。

일본인이 사랑하는 생선가스,
아지후라이를 먹고 싶다면 여기!
'아오키 쇼쿠도(檍食堂)'

STORY 한국과 마찬가지로 일본에도 생선가스가 있어요. 대구와 같은 흰살 생선을 사용하는 생선가스는 두 나라 사이에 맛에는 별 차이가 없는 것 같습니다. 그런데 일본에는 한국에서 맛볼 수 없는 특별한 생선가스가 있습니다. 바로 '아지후라이アジフライ(전갱이튀김)'예요. 전갱이는 일본에서 일 년 내내 먹는 대중적인 생선입니다. 마치 한국에서의 조기만큼 친숙한 생선이랄까요. 구이나 조림 말고 튀김으로 먹어도 맛있어요.

아지후라이는 생선 꼬리를 자르지 않고 배만 가른 상태에서 튀겨요. 튀긴 모양은 삼각형을 띠는데, 비주얼이 좀 특이하죠. 일본인들은 아지후라이를 마트 반찬 코너에서 구입해 먹는 경우가 많아요. 이자카야나 생선집에서 팔기도 하지만 외식 메뉴라기보다는 가정식에 가깝기 때문에 먹어본 적 없는 외국인들도 많지 않을까 해요.
이번엔 아지후라이가 진짜 맛있는 동네 식당, '아오키 쇼쿠도'를 소개합니다.

MENU 사실 아오키 쇼쿠도는 생선집이나 이자카야가 아니고, 유명 돈카츠 맛집 '아오키檍(260쪽 참조)'에서 만든 동네 식당입니다. 돈카츠 아오키 본점은 1시간 넘게 웨이팅을 해야 하는 인기 맛집이지만, 동네 주민이 평소에 부담 없이 이용할 수 있는 동네 식당 컨셉트로 아오키 쇼쿠도를 2022년에 창업했습니다. 로컬 중심이고 SNS에 크게 노출하지 않기 때문에 관광객 손님은 별로 없어요. 그렇다고 해도 관광객이 들어갈 수 없는 곳이 아니니 걱정 없이 방문하시면 됩니다.

삼각형 모양이 살아 있는
'아지후라이 단품(¥700)'

정식 메뉴는 현미밥(또는 백미밥 중 선택)과 돼지고기 된장국(돈지루)이 기본 세트로 나옵니다. 반찬은 돈카츠, 쇼가야키(돼지고기 생강양념구이), 카키후라이(굴튀김), 아지후라이 중에서 고르면 돼요.* 본점이 돈카츠 맛집인 만큼 튀김을 특히 잘합니다.

이곳의 아지후라이는 엄청 크고 살이 두툼해요. 아무래도 생선이라 시기에 따라 크기는 달라질 수 있지만, 이자카야나 마트에서 파는 것보다 푸짐한 아지후라이를 먹을 수 있을 겁니다. 돈카츠처럼 소스를 뿌려서 양배추와 같이 드셔보세요.

물론 돈카츠나 쇼가야키도 맛있는 집이라서, 돈카츠 정식이나 쇼가야키 정식을 시키고 단품으로 아지후라이를 추가하는 것도 좋습니다.** 돈카츠와 아지후라이는 일본 브랜드 돼지고기인 하야시SPF(260쪽 참조)를 사용합니다.

LOCATION 아오키 쇼쿠도는 가마타에 두 개의 점포가 있습니다. 아오키 쇼쿠도 1호점은 게이큐 가마타역 도보 1분 거리에 있습니다. 하네다공항으로 갈 때 게이큐선을 이용하는 사람도 많은데요. 게이큐 가마타역은 하네다공항까지 급행열차로 7분(다섯 정거장) 걸립니다. 2호점은 JR 가마타역 동쪽 출구에서 도보로 3분 거리에 있어요. JR가마타역은 게이큐 가마타역과 많이 떨어져 있으니 주의하세요.

TIP 아오키 쇼쿠도는 구글맵에 알파벳으로 가게명을 입력해도 뜨지 않습니다. 가마타 주변에는 돈카츠 아오키 가마타 본점과 게이큐 가마타점 그리고 아오키 쇼쿠도 1호점(게이큐 가마타점)과 2호점(가마타 동쪽 출구점) 등 여러 가게들이 있어서 복잡합니다. 아오키 쇼쿠도를 찾아가려면 주소를 직접 입력하시는 게 좋을 것 같아요.

※일본어로 입력 가능하다면 아래와 같이 구글맵에 입력하면 자세한 가게 정보가 나옵니다.

- 아오키 쇼쿠도 1호점(게이큐 가마타점): とん汁と玄米の店 檍食堂
- 아오키 쇼쿠도 2호점(가마타 동쪽 출구점): 檍食堂 蒲田東口店

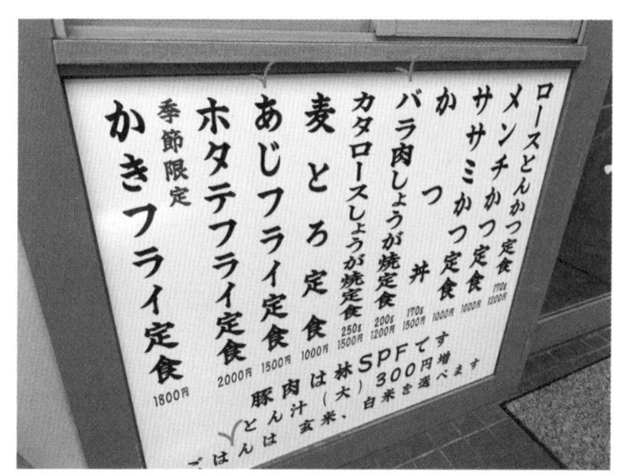

ORDER 저의 추천 메뉴는

전갱이튀김 정식(あじフライ定食, 아지후라이 테이쇼쿠): ¥1,500
돼지고기 생강양념구이 정식(バラ肉しょうが焼定食, 바라니쿠 쇼가야키 테이쇼쿠): ¥1,200 + 돼지고기 된장국(とん汁 大, 톤지루 다이): ¥300 + 전갱이튀김 단품(あじフライ単品, 아지후라이 단품): ¥700

유형 동네 식당 **상호** 아오키 쇼쿠도(檍食堂) **구글맵검색** 본문 'TIP'을 참조하세요 **가격대** ¥1,000~ **웨이팅** ㊀

【1호점(게이큐 가마타점)】
영업시간 수~토요일 11:00~15:00(L.O. 14:30) **휴무** 일~화요일 **위치** 게이큐 가마타(京急蒲田), 게이큐선 게이큐 가마타역 서쪽 출구 도보 1분 **주소** Ota-ku kamata 4-7-6

【2호점(가마타 동쪽 출구점)】
영업시간 런치 11:00~15:00, 디너 17:00~20:00 **휴무** 월요일 **위치** 가마타(蒲田), JR게이힌도호쿠선 가마타역 동쪽 출구 도보 3분 **주소** Ota-ku kamata 5-21-11

Chapter. 6

OTHER MENU
그 밖의 일본식

이 장에서는 각종 일본 음식을 다뤄볼까 합니다. 오뎅, 텐푸라, 오코노미야키 등 한국인에게도 잘 알려진 음식들이에요. 오뎅은 한국에서도 일본에서도 서민적인 음식이죠. 한국에서 오뎅은 길거리에서 파는 분식인 오뎅꼬치, 술집에서 안주로 먹는 오뎅탕, 그리고 집에서 반찬으로 해 먹는 오뎅볶음 등 여러 종류가 있는 것 같아요. 일본의 오뎅 요리는 지역마다 많이 다르긴 하지만, 탕류가 많습니다. 이 장에서는 도쿄가 있는 지역인 간토關東풍 오뎅 맛집을 소개해 드릴게요.

튀김 요리가 많은 일본에서 가장 대표적인 요리는 아무래도 텐푸라가 아닐까 싶습니다. 텐푸라는 밀가루와 계란을 섞어 만든 '텐푸라코天ぷら粉'를 입혀 튀긴 요리의 총칭입니다. 텐푸라코는 돈카츠를 튀길 때 빵가루를 입히는 것처럼, 텐푸라를 만들 때 재료에 입히는 가루인데요. 텐푸라코를 입혀서 튀겨야만 그 튀김을 '텐푸라'라고 부릅니다. 요즘은 고급스러운 텐푸라 맛집이 많아졌는데 텐푸라도 스시와 마찬가지로 노점에서 파는 서민의 패스트푸드였답니다. 이 장에서는 가성비 좋은 텐푸라 맛집들을 소개해 드릴게요.

오코노미야키는 '오사카식 오코노미야키'와 '히로시마식 오코노미야키'가 유명합니다. 도쿄식 오코노미야키는 없냐고 물으신다면… 네, 없습니다. '몬자야키もんじゃ焼き'를 도쿄식 오코노미야키라고 생각하는 분들도 있는데, 정확히 말하자면 조금 달라요. 몬자야키도 밀가루를 철판에서 익혀 먹는 음식이기는 하지만 오코노미야키와는 만드는 방법과 역사가 다릅니다. 그리고 솔직히 말하면 도쿄 현지인은 몬자야키를 평소에 거의 안 먹는 것 같아요(저도 한두 번밖에 안

먹어봤어요). 몬자야키는 도쿄 일부 지역의 명물이고, 도쿄 현지인에게도 오사카나 히로시마의 오코노미야키가 더 대중적인 음식이랍니다. 도쿄 현지인이 실제로 즐겨 먹는 음식을 소개하는 것이 이 책의 의도이니, 여기서는 대표적인 오코노미야키인 히로시마식 오코노미야키를 소개하겠습니다.

일본에서는 반찬으로 먹는 음식인데, 한국에서는 요리로 먹는 경우가 생각보다 많은 것 같아요. 일본에서는 오뎅, 고로케, 교자(군만두) 등은 그냥 밥이랑 먹거든요. 정식의 메인 메뉴가 될 수도 있고요. 고로케의 경우 일본과 한국 스타일이 다른데 일본 고로케가 반찬으로 먹기 더 편한 것 같기도 해요.
지역마다 약간 다르지만 오사카(간사이 지방)에서는 타코야키나 오코노미야키를 반찬으로 먹기도 한답니다. 오코노미야키와 밥을 같이 먹는 것은 솔직히 도쿄 사람의 입장에서도 좀 낯설어 보이지만, 부침개(전)를 밥과 같이 먹는 것과 별반 다르지 않으니 한국인들에게는 큰 위화감이 없을 것 같아요. 일본에서는 탄수화물로 된 음식을 밥과 같이 먹기도 하고, 야키소바를 밥과 같이 먹는 사람도 있어요. 아마도 어떤 음식이든 맛이 좀 강하면 밥과 같이 먹을 수 있다고 생각하는 것 같습니다.

오니기리 먹으러 봉고에 갑니다.

오래 기다려서라도
먹고 싶은 감동의 맛!
일본 최고의 레전드 오니기리 맛집
'봉고(ぼんご)'

STORY 한국인이 김밥을 먹듯, 일본인은 일본식 삼각김밥인 오니기리를 먹어요. 편의점에서 판매하는 오니기리를 먹는 경우가 많지만, 뭐니 뭐니 해도 수제로 만든 오니기리는 각별하죠. 오니기리 맛집 하면 저는 망설임 없이 오츠카 맛집 '봉고'를 소개하고 싶습니다. 속재료가 오니기리 위에도 푸짐하게 얹어 나오는 강렬한 비주얼뿐만 아니라 맛도 밥의 식감도 최고입니다. 웨이팅이 심한 걸로 이미 한국인들 사이에서도 유명하지만, 기다릴 가치가 있는 레전드 맛집입니다.

MENU '니기리にぎり'는 '쥐는 것'을 의미해요. 따라서 '오니기리'라는 단어는 밥을 쥐는 동작에서 온 말이죠. '봉고'의 오니기리는 밥을 꽉 쥐지 않고 안으로 공기를 넣듯 부드럽게 만든답니다. 그래야 입에 넣는 순간 사르르 풀어지는 식감을 낼 수 있어요. 이건 스시의 '샤리シャリ(밥)'를 쥐는 것과 비슷한 감각이래요. 너무 부드러워서 몇 초 만에 무너져 버리니, 혹시 오니기리 사진을 찍고 싶다면 나오자마자 빨리 찍어야 해요. 갓 만든 오니기리를 바로 먹을 수 있도록 가게 내부는 카운터석만 있는 스시집 같은 구조로 되어 있습니다.
속재료(메뉴)는 총 50여 종(2023년 현재). 원래 매실이나 다시마, 가츠오부시처럼 쉽게 상하지 않는 기본 메뉴 위주로 팔았는데, 손님들의 요청으로 조금씩 메뉴가 늘어났어요. 지금도 신메뉴를 열심히 개발하고 있답니다. 카레, 달걀노른자, 오징어젓갈 등 오니기리치고는 특이한 속재료도 있어요.
'봉고'의 오니기리는 한 개당 약 180g, 밥 한 공기와 양이 같습니다. 편의점의 오니기리(100g)보다 상당히 커요. 그런데도 혼자 두세 개 주문하는 손님이 많더라구요. 저는 세 개 주문했는데 배부르게 잘 먹었습니다. 사이드 메뉴로 오이절임과 단무지, 된장국류도 있어요.

왼쪽에서부터 '간장에 절인 연어알+연어구이(¥700)', '명란 마요네즈 크림치즈(¥450)', '노른자 간장 절임+다진고기 간장 볶음(¥550)'

TIP 속재료 종류가 많고 복잡하지만 한국어 메뉴판도 있으니 주문할 때 걱정하지 않으셔도 됩니다. 한국어 메뉴판은 입구에 있습니다. 메뉴판에는 각 속재료에 해당하는 '메뉴 번호'가 적혀 있고, 번호를 가리키면서 직원에게 주문하면 됩니다. 오니기리 가격은 한 개당 350~700엔. 오니기리치고는 비싼 편이지만, 봉고의 오니기리는 기존의 오니리기와는 다른 음식이라고 생각해요. 저는 이곳의 오니기리 맛에 감동받았거든요. 영업 시간은 9:00~21:00시입니다. 항상 런치 타임에 수십 명의 대기줄이 생깁니다. 런치 타임에는 되도록 이른 시간(가능하면 10:30 전)에 방문하는 걸 추천합니다. 브레이크 타임 없이 영업하니 피크 타임을 피해 가보세요. 디너 타임은 런치 타임보다 손님이 적어요.
봉고 오츠카 본점 이외에 일본 곳곳에 '봉고 계열점'이라고 불리는 오니기리 스타일에 외관까지 똑같이 만든 가게가 많이 있어요. 그런 가게의 주인은 "봉고 본점에서 배웠어요"라고 하지만, 비공인인 경우도 많아요. 저는 개인적으로 오츠카에 있는 봉고 본점에 가는 걸 추천하고 싶습니다.

봉고 2대 점장인 우콘 유미코 씨는 19세 때 니이가타현에서 도쿄로 왔습니다. 니이가타는 쌀의 명산지예요. 우콘 씨는 어렸을 때부터 맛있는 쌀밥을 먹고 자랐는데 도쿄에서 먹은 쌀밥 대부분이 맛이 없었대요. 그러던 어느 날 친구가 "도쿄에도 맛있는 쌀밥을 먹을 수 있는 맛집이 있어!" 하며 안내한 곳이 봉고였습니다. 봉고의 오니기리에 감동한 우콘 씨는 단골손님이 되었고, 이후 초대 점장님과 결혼했습니다. 하지만 남편이 된 초대 점장은 일찍 돌아가셨고, 가게 사정도 좋지 않았다고 해요. 2대 점장이 된 우콘 씨는 오로지 맛있는 오니기리를 만들기 위해 노력했어요. 손님들이 먹고 싶다고 하는 오니기리 속재료에 따라 메뉴 개발도 많이 하셨대요. 결국 몇 년 후 가게 빚을 다 갚고 이제 봉고는 먼 곳에서 팬들이 찾아오는 도쿄 최고의 오니기리 맛집으로 알려졌습니다. 손님들이 기뻐하는 얼굴을 계속 보고 싶어서 평생 오니기리를 만들 결심을 하셨다는데, 봉고의 인기는 오니기리 맛은 물론, 항상 에너지 넘치는 우콘 씨의 모습 덕분인 것 같습니다.

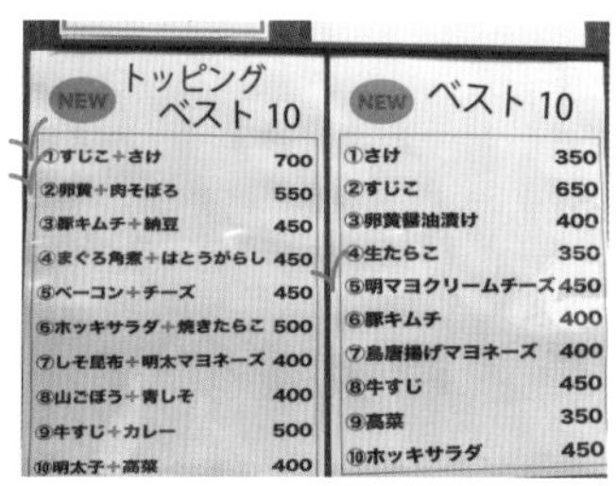

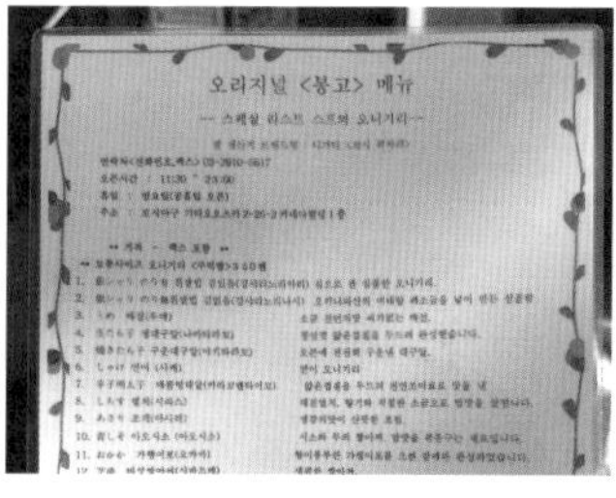

인기 메뉴 10(왼쪽: 2종 속재료, 오른쪽: 1종 속재료) 한국어 메뉴

ORDER 저의 추천 메뉴는

☞ 오니기리

오니기리 한 개에 속재료 두 종류를 넣을 수 있고요, 다음과 같이 주문하는 것을 추천해요.

간장에 절인 연어알+연어구이(①すじこ+さけ, 스지코+사케): ¥700

노른자 간장 절임+다진 고기 간장 볶음(②卵黄+肉そぼろ, 랑오+니쿠소보로): ¥550

혹시 한 가지 종류로만 채우고 싶다면,

명란 마요네즈 크림치즈(⑤明マヨクリームチーズ, 멘마요크림치즈): ¥450

☞ 사이드 메뉴

오이절임과 단무지(お新香ミックス, 오싱코 믹스): ¥250

두부 된장국(とうふ汁, 토후지루): ¥200

유형 오니기리 맛집 **상호** 봉고(ぼんご) **구글맵검색** onigiri bongo **가격대** ¥1,000~
웨이팅 ⊖⊖⊖⊖⊖ **영업시간** 9:00~21:00 **휴무** 일요일 **위치** 오츠카(大塚), JR오츠카역 북쪽 출구 도보 2분 **주소** Toshima-ku Kitaotsuka 2-27-5

솥밥 먹으러 가마메시 하루에 갑니다 。

일본 솥밥 가마메시를 개발한
원조집 '가마메시 하루(釜めし春)'

STORY 일본어로 '가마釜'는 솥, '메시飯'는 밥을 의미해요. 즉 솥밥, 한국인에게는 돌솥밥으로 익숙한 음식일 테죠. 그런데 일본에서는 돌솥 대신 솥은 주로 무쇠나 도자기나 스테인리스로, 뚜껑은 나무로 만든 것을 사용합니다.

가마메시의 역사는 도쿄 아사쿠사에서 시작되었어요. 1923년에 발생한 간토 대지진으로 도쿄의 많은 건물이 화재 등의 피해를 입었답니다. 당시 아사쿠사에서 정식집을 운영하던 야노 사장님 역시 매장에 불이 나서 피난을 가게 됐는데, 피난소에서 사람들이 가져온 재료로 밥을 지어 먹었다고 합니다. 이후 야노 사장님은 1926년 다시 음식점을 열고 피난민과 함께 먹었던 음식을 판매하게 되었어요. 이게 가마메시의 원조집인 '가마메시 하루'의 창업 스토리입니다. 야노 사장님은 1인 솥에 밥을 제공하고자 했어요. 일본에서 1인 정식으로 메뉴를 제공하는 건 아주 오래된 관습이었으니 가마메시 또한 그 방식을 따른 것이죠. 하지만 1인용 솥은 불 조절이 어려워 메뉴 개발에 어려움을 겪었다고 해요. 수차례의 시행착오 끝에 만족스러운 가마메시가 완성되었고, 이곳의 가마메시는 아사쿠사 명물로 널리 알려지게 되었답니다.

풍미 가득, 계속 생각나는 맛!
'특상 가마메시(¥1,980)'

MENU '가마메시는 곁들이는 토핑에 따라 다양한 맛과 계절감을 느낄 수 있는 음식이에요. 저는 '가마메시 하루'에서 가장 비싼 '특상 가마메시特上釜めし'를 주문했습니다. 연어알, 새우, 죽순, 만가닥버섯, 게, 송이버섯, 가리비, 닭고기가 얹어 나와요. 연어알은 스시나 회덮밥에 쓰이는 경우가 많은데 따뜻한 가마메시랑 먹어도 맛있습니다. 또, '바지락 가마메시あさり釜めし(아사리 가마메시)'도 추천 메뉴입니다.* 도쿄는 바지락의 명산지이고, 제철의 바지락으로 만든 가마메시의 맛은 각별합니다. 간장밥과 바지락의 풍미가 잘 어울립니다. 가마메시 중에는 재료와 밥이 섞인 상태로 제공되는 것도 있지만, 토핑처럼 올려낸 스타일은 비비지 않고 그대로 먹는 것이 일반적이에요.

가마메시는 밥을 지을 때 물과 함께 간장, 미림, 맛술 등의 조미료를 넣어서 밥 자체에 간이 돼 있어요. 또한, 해산물이나 육류도 같이 넣어 짓기 때문에 재료의 풍미가 가득합니다. 일본에는 간이 센 음식이 많지만 그에 반해 가마메시의 맛은 담백하고 삼삼한 편이에요. 재료 본연의 맛을 살리기 위해서요. 제 한국인 친구는 "솔직히 싱겁고 재미없는 맛이었는데 한국에 돌아가니 신기하게도 생각났다"고 말하더라고요.

가마메시 조리 시간은 평균적으로 20분 정도 걸립니다. 주문과 동시에 밥을 짓기 때문에 시간 여유를 가지고 방문하세요.

*

TIP 한국인들에게 솥밥은 익숙한 음식인 데 반해 일본인들은 가마메시를 먹을 기회가 그리 많지 않아요. 일본에는 생각보다 가마메시 선문점이 적기 때문입니다. 물론 야키토리집이나 일본 온천 료칸에서도 가마메시를 판매하긴 하지만 일반적으로는 덮밥, 돈부리를 먹어요.
그도 그럴 게, 일본 돈부리집은 3대 체인점(요시노야, 스키야, 마츠야)만 해도 각 1,000개 이상의 점포를 갖고 있으니 접근성이 높을 수밖에 없어요. 돈부리는 싸고 빨리 나오니 가장 자주 먹는 서민 음식이죠.
이에 반해 가마메시는 가격이 돈부리에 비해 두세배 더 비싸고 조리 시간도 더 길어요. 그 때문에 가마메시는 여행할 때나 특별한 일이 있을 때 먹으러 가는 음식이기도 해요.

ORDER 저의 추천 메뉴는
특상 솥밥(特上釜めし, 토쿠조 가마메시): ¥1,980
바지락 솥밥(あさり釜めし, 아사리 가마메시): ¥1,280

유형 가마메시 원조집 **상호** 가마메시 하루(釜めし春) **구글맵검색** kamameshi haru **가격대** ¥1,000~ **웨이팅** ⊖⊖ **영업시간** 11:00~21:00(L.O. 20:00) **휴무** 수요일 **위치** 아사쿠사(浅草). 도쿄메트로 긴자선 아사쿠사역 1번출구 도보 5분, 츠쿠바 익스프레스 아사쿠사역 A1출구 도보 6분 **주소** Taito-ku Asakusa 1-14-9

토로로 먹으러 마리코테이에 갑니다 。

끈적끈적한 음식을 좋아한다면
나카노 맛집
'마리코테이(丸子亭)'에서
토로로 정식을!

STORY 여러분은 일본에서 '토로로とろろ'를 드셔보셨나요? 마 간 것을 일본에서 토로로라고 부릅니다. 호불호가 갈리는 음식이기도 하지만 토로로에 관심 갖는 사람이 의외로 많은 것 같아요.

한국에서는 마를 한방차나 우유에 넣어 먹는다는 얘기를 들었어요. 일본에서는 토로로에 간장을 넣고 비벼서 밥에 얹어 먹어요. 저 개인적으로는 집에서 낫토와 같이 거의 매일 먹을 만큼 좋아하는 음식입니다.

토로로는 우설(규탄)집의 사이드 메뉴로 나오는 경우가 많은데요(176쪽 참조), 이번엔 토로로 전문점인 '마리코테이'를 소개합니다. 이곳에서는 토로로를 메인으로 만끽할 수 있어요.

찰떡궁합 토로로와 참치회를 한번에!
'토로로 참치회 정식(¥1,900)'

MENU 마리코테이에서는 일본 원산지 산마인 '지넨조自然薯'를 사용한 메뉴를 제공합니다. 산에서 자생하는 지넨조는 수확이 너무 어렵기 때문에 귀한 데다가 맛도 최고입니다. 이곳에서는 정식과 돈부리 두 가지 스타일로 토로로를 먹을 수 있어요. 토로로는 참치회와도 궁합이 잘 맞으니 참치회가 포함된 토로로 정식 또는 토로로 덮밥(토로로동)을 주문하는 걸 추천합니다.

정식에는 토로로, 보리밥, 붉은 살을 간장 양념에 절인 참치회, 국물, 톳조림, 단무지, 잘게 자른 파(토로로 밥에 얹는 고명)이 세트로 나옵니다. 보리밥은 나무 밥통에 담겨 나와요. 적당히 밥을 푸고 그 위에 토로로를 부어 먹는데, 남은 밥은 식지 않도록 밥통에 그대로 둡니다. 밥 양은 세 그릇 정도 되는데 남기셔도 됩니다. 간장 베이스 국물에는 무, 당근, 우엉, 토란, 곤약, 두부 등이 들어 있습니다.

토로로동은 토로로, 낫토, 노른자, 간장으로 양념한 참치회가 얹어 나오는 덮밥입니다.* 전부 끈적한 식감이고 영양이 풍부하죠. 일본인들은 기력을 보충하기 위한 스태미나 음식으로 먹기도 한답니다. 토로로동을 주문하면 국물과 단무지도 같이 나와요. 토로로는 이미 간장 양념이 되어 있으니 따로 간장을 안 넣어도 됩니다.

TIP 실은 일본인 중에서도 토로로를 잘 못 먹는 사람들이 있답니다. 끈적한 식감 때문에 그런 것 같아요. 혹시 낫토를 못 먹는 사람은 토로로도 먹기 어려울 수 있어요. 끈적한 식감이 괜찮은 분은 꼭 도전해 보세요! 일본에서는 밥그릇이나 국그릇을 들고 젓가락으로만 먹기 때문에 숟가락이 제공되지 않아요. 혹시 숟가락이 필요하면 직원에게 "스푼 쿠다사이(숟가락 주세요)"라고 부탁하면 됩니다.

LOCATION 가게는 JR·도쿄메트로 도자이선 나카노역 북쪽 출구에서 도보로 5분 걸리며, '나카노 브로드웨이'라는 상업시설 2층에 있습니다. 이곳은 '서브 컬처의 성지'라고 불리고 있고, 애니메이션·만화 굿즈샵이 많이 들어와 있어요. 혹시 일본 애니메이션·만화를 좋아하는 사람은 식사하러 온 김에 구경도 하시면 재미가 있을 거예요.

ORDER 저의 추천 메뉴는

토로로 참치회 정식(駿河, 스루가): ¥1,900
토로로 참치회 덮밥(まぜこぜとろろ丼, 마제코제 토로로동): ¥1,550

유형 토로로 맛집 **상호** 마리코테이(丸子亭) **구글맵검색** marikotei nakano **가격대** ¥1,000~ **웨이팅** ⊖⊖ **영업시간** 11:30~15:15(L.O. 14:45) ※재료 소진 시 조기 마감 **휴무** 화·수요일, 일본 공휴일 **위치** 나카노(中野), JR·도쿄메트로 도자이선 나카노역 북쪽 출구 도보 5분 **주소** Nakano-ku Nakano 5-52-15 Nakano Broadway 2F

오뎅 먹으러 오타코우에 갑니다 。

제대로 푹 끓인 오뎅을
맛볼 수 있는 '오타코우(お多幸)'

STORY 오뎅은 한국에서도 즐겨 먹는 서민 음식이지만 일본 오뎅과는 스타일이 좀 다르죠. 일본에서 '오뎅'은 무, 다시마, 어묵, 곤약, 계란 등 여러 가지 재료를 잘 끓인 요리 전반을 가리킵니다. 설령 '일본 오뎅'이라고 통칭하더라도 지역마다 맛과 재료가 많이 다르기도 합니다.

'오타코우'는 간토풍 오뎅 맛집입니다. '간토關東'는 도쿄가 있는 일본의 동쪽 지역을 말해요. 간토풍 오뎅은 진한 간장으로 끓이는 것이 특징인데, 특히 오타코우의 오뎅은 재료들이 까맣게 보일 정도로 푹 끓여요. 국물도 1923년에 창업한 이래 지금까지 계속 끓여오며 맛을 지켜온 것이랍니다. 일본에서 오뎅은 가정 요리이지만 오타코우의 오뎅은 집에서는 먹을 수 없는 맛이라고 소문이 자자해요.

도쿄역에서도 가깝고 근처에 회사가 많기 때문에 회사원들이 즐겨 다니는 맛집인데요. 점심은 영업하지 않고 평일은 오후 4시 반, 토요일은 오후 5시부터 문을 엽니다. 6시가 넘으면 손님이 많으니 조금 일찍 가는 게 좋을 듯해요.

MENU 이곳에는 아주 유명한 명물 메뉴가 있는데요. 바로 '토우메시とうめし'입니다. '토우메시'는 오뎅 국물로 푹 끓인 두부를 올린 밥이에요. '토우후豆腐(두부)'가 올려진 '메시飯(밥)'여서 '토우메시'라고 합니다. 일반적으로 오뎅집에서는 오뎅을 술안주처럼 먹는 경우가 많지만, 이렇게 식사 메뉴로 제공하는 건 좀 특이해요. 혹시 다른 오뎅도 드시고 싶으면 단품으로 추가하세요. 오뎅 단품 가격은 220~450엔 정도예요.

혹시 고르기 귀찮으면 "오마카세"라고 직원에게 말해주세요. 이곳의 '오마카세'는 코스처럼 나오는 건 아니고요, 직원이 알아서 오뎅을 골고루 줍니다(가격은 4종 1,200엔, 8종 2,300엔, 12종 3,800엔). 간소한 모리아와세(각종 오뎅 모둠)라고 생각하면 됩니다.

'토우메시(¥430)'
오뎅 국물에 조린
두부가 별미!

다양하게 맛볼 수 있는
'오마카세 오뎅 8종(¥2,300)'

ORDER 저의 추천 메뉴는

두부조림덮밥(とうめし, 토우메시): ¥430
오마카세(おまかせ): ¥2,300 ※오뎅 8종

유형 오뎅 맛집 **상호** 오타코우(お多幸) **구글맵검색** otako nihonbashi **가격대** ¥2,000~ **웨이팅** ⊖⊖⊖⊖ **영업시간** 평일 16:30~22:30(L.O. 21:30) 토요일, 일본 공휴일 16:00~22:00(L.O. 21:00) **휴무** 일요일 **위치** 니혼바시(日本橋), 도쿄메트로 토자이선 니혼바시역 B5출구 도보 1분, 도쿄메트로 한조몬선 미츠코시마에역 B3출구 도보 4분, JR도쿄역 야에스(八重洲) 북쪽 출구 도보 5분 **주소** Chuo-ku Nihonbashi 2-2-3

텐푸라 정식 먹으러 타카시치에 갑니다 。

1884년에 창업한 노포
텐푸라 전문점
'타카시치(高七)'
てんぷら 高七
TEL.202-4035
天婦羅

STORY '텐푸라'는 대표적인 일본 요리 중 하나지요. 원래 서민 음식이었는데 막상 외식 메뉴로 먹으려면 1만 엔을 넘는 비싼 집이 많아서 고급스러운 이미지도 있어요. '타카시치'는 비교적 저렴한 가격으로 텐푸라를 먹을 수 있는 동네 맛집으로 현지인의 사랑을 받고 있어요. 1884년에 창업한 이곳은 오래된 만큼 일본식 가옥도 운치 있어요.

맛도 가성비도 최고! 런치 한정 메뉴
'오늘의 텐푸라 정식(¥1,000)'

MENU 런치 한정 메뉴인 '오늘의 텐푸라 정식日替わり天ぷら定食'은 가성비 최고예요. 가격이 딱 1,000엔인데 제철 생선과 채소의 텐푸라 모리아와세(모둠), 그리고 사시미(회)도 같이 나오는 정식입니다. 텐푸라의 재료는 날마다 바뀌는데 대개는 새우나 보리멸, 연근, 고구마 등 일본 텐푸라의 기본 메뉴를 중심으로 한 신선한 텐푸라를 먹을 수 있어요. 이 가격으로 약간이지만 사시미까지 먹을 수 있다니! 1,000엔 가격대 중에선 틀림없이 최고의 텐푸라 정식이네요.

'오늘의 텐푸라 정식'보다 더욱 좋은 재료를 사용한 메뉴로 '텐푸라 정식 상上(1,800엔)'도 있습니다. 제가 주문했을 땐 보리새우, 오징어, 보리멸, 빙어, 곤이, 민물게 등의 텐푸라가 나왔습니다. 일류 텐푸라집에 못지않은 퀄리티입니다.

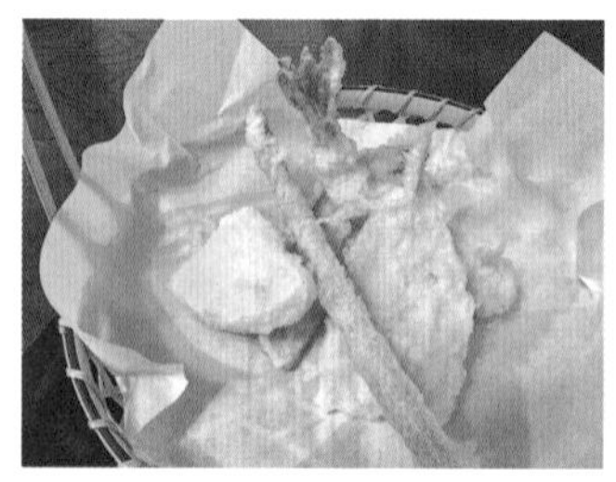

TIP '오늘의 텐푸라 정식'이 소문나서 점심때에는 손님들로 북적여요. 런치 타임이 오전 11시 30분부터인데 12시를 넘으면 오래 기다려야 하더라고요. 디너에는 1,000엔 정식도 없고 예약을 안 하면 못 들어가는 경우도 많으니 런치 타임에 일찍 가보는 것을 추천합니다.

LOCATION 가게 위치는 신주쿠 지역이라고는 하나 외국인 관광객에게는 약간 낯설 수도 있어요. JR신주쿠역에서는 걸어갈 수 없으니 주의하세요. 도에이 지하철 오에도선 와카마츠카와다역 혹은 도쿄메트로 토자이선 와세다역에 내려서 찾아가세요.

ORDER **저의 추천 메뉴는**

☞ 런치 한정 메뉴

오늘의 텐푸라 정식(日替わり天ぷら定食, 히가와리 텐푸라 테이쇼쿠): ¥1,000

텐푸라 정식 상(天ぷら定食 上, 텐푸라 테이쇼쿠 조): ¥1,800

유형 텐푸라 전문점 **상호** 타카시치(高七) **구글맵검색** takashichi **가격대** ~¥1,000(현금 사용) **웨이팅** ⊖⊖⊖ **영업시간** 월~수요일 런치 11:30~14:00(L.O. 13:30) ※디너 영업 없음 / 목~토요일 런치 11:30~14:00(L.O. 13:30), 디너 17:30~20:00(L.O. 19:00) **휴무** 일요일, 일본 공휴일 **위치** 와카마츠카와다(若松河田). 도에이 지하철 오에도선 와카마츠카와다역 와카마츠 출구 도보 5분, 도쿄메트로 토자이선 와세다역 2번출구 도보 7분 ※JR신주쿠역에서는 걸어갈 수 없는 거리입니다. **주소** Shinjuku-ku Wakamatsucho 36-27

오코노미야키 먹으러 샷짱에 갑니다 。

히로시마 현지인이 인정하는
로컬 오코노미야키 맛집
'샷짱(さっちゃん)'

'믹스소바(¥1,200)'에
치즈 토핑(¥200)을 추천합니다.

STORY 외국인들이 좋아하는 일본 음식 순위에는 꼭 오코노미야키가 있더라구요. 일본에서 오코노미야키로 유명한 고장이 두 곳 있는데, 오사카와 히로시마예요. 이번에는 도쿄에서 맛있는 히로시마식 오코노미야키를 먹을 수 있는 곳을 소개해 드리겠습니다. 히로시마식 오코노미야키의 가장 큰 특징은 야키소바(볶음국수) 혹은 우동을 넣었다는 거예요. '소바そば'라고 해도 메밀은 아니에요. 일본에서는 면류 전반을 소바라고 부르기도 하거든요.

사실 도쿄에서 만족스러운 히로시마식 오코노미야키 맛집을 찾는 일은 쉽지 않아요. 지방에서 사랑받는 명물 음식을 다른 도시에서 재현하는 것은 만만한 일이 아니니까요. 저는 개인적으로 도쿄 쿄도經堂에 있는 '핫쇼八昌'라는 히로시마식 오코노미야키 맛집도 마음에 드는데, 그곳은 예약 없이 들어가기 어렵고, 전화로 예약을 해야 하기 때문에 외국인 관광객에게는 추천하기 어렵습니다. 맛과 여러 조건을 고려해 히로시마식 오코노미야키 맛집을 고르고 고른 결과, 아카사카의 '삿짱'을 추천해 드리기로 했습니다!

샷짱은 히로시마 출신 사람들도 인정하는 맛집이에요. 가게 벽에는 히로시마 출신 유명인의 사인이 많이 걸려 있습니다. 이곳은 완전 로컬한 가게니까 그런 분위기가 괜찮다면 한번 가보세요.

이곳 '샷짱'처럼 히로시마식 오코노미야키집은 '밋짱みっちゃん'이나 '레이짱れいちゃん' 등 이름에 '○○짱'을 붙인 가게가 많은데, 거기엔 이유가 있습니다. 히로시마는 전쟁 때 원자폭탄으로 폐허가 된 지역이에요. 그때 남편을 잃고 혼자 된 여성이 많이 생겼는데, 이들 중 많은 이가 전쟁 후 시장에서 오코노미야키를 팔았다고 해요. '○○짱ちゃん'은 어린이나 젊은 여자에게 붙여주는 애칭이에요. 젊은 미망인들이 하는 가게여서 주인의 애칭을 가게 이름에 붙인 것 같아요. 히로시마식 오코노미야키는 미군이 준 밀가루로 만들기 시작했다고 해요. 양을 늘리려고 안에 소바를 넣었던 것이 히로시마 스타일이 되었습니다. 오사카식은 재료와 밀가루를 다 한데 섞어 굽는 데 반해 히로시마식은 반죽과 재료를 섞지 않고 철판 위에서 반죽, 양배추, 소바, 돼지고기 등 재료들을 겹겹이 포개어 굽습니다. 대부분의 히로시마식 오코노미야키집에서는 직접 직원이 구워줘요.

MENU 오코노미야키는 채소, 고기, 해산물 등의 재료를 밀가루 반죽에 섞어 굽는 철판 요리죠. '오타후쿠소스オタフクソース(오코노미야키에 잘 어울리는 히로시마의 소스. 일본 돈카츠소스와 비슷한데 살짝 달콤하고 걸쭉함)'와 마요네즈, 파래가루, 가츠오부시를 뿌려 먹으면 꿀맛이에요.
제가 좋아하는 메뉴는 '믹스소바ミックスそば'예요. 돼지고기, 오징어, 새우, 야키소바 등이 골고루 들어 있는 오코노미야키입니다. 저는 여기에 치즈 토핑도 추가해요. 치즈는 마트에서 파는 살살 녹는 평범한 치즈인데 그게 이 오코노미야키와 잘 어울리더라고요. 오코노미야키에 들어가는 면을 소바와 우동 중에서 고를 수 있는데 저는 개인적으로 소바를 추천합니다. 사람마다 취향이 다르지만 히로시마 현지인들도 우동보다 소바를 선택하는 사람이 많은 것 같습니다.

TIP 가게가 아주 작고 딱 두 분이 운영하기 때문에 피크 타임에는 많이 기다려야 할 수도 있어요. 오전 11시 30분부터 브레이크 타임 없이 영업하니까 피크 타임이 아닌 시간(늦은 점심이라도)에 찾아가는 게 나을 거예요. 주택가 같은 동네의 건물 지하에 있으니 입구의 간판을 확인하고 지하로 내려온 후 가게를 찾아야 합니다.

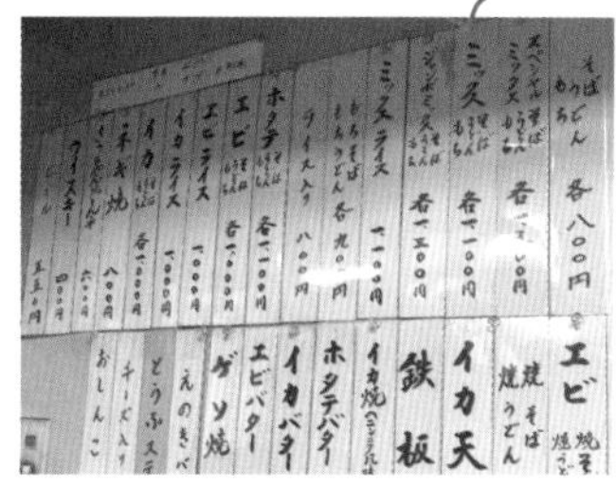

ORDER 저의 추천 메뉴는

믹스소바(ミックスそば): ¥1,200

〔돼지고기, 오징어, 새우, 야키소바 등이 들어 있는 오코노미야키〕

믹스우동(ミックスうどん): ¥1,200

〔돼지고기, 오징어, 새우, 우동 등이 들어 있는 오코노미야키〕

치즈 토핑(チーズトッピング): ¥200

주문할 때는 오코노미야키 이름 뒤에 그대로 소바(또는 우동) 이름을 붙여 '믹스소바'나 '믹스우동'이라고 하면 돼요. 참고로 그냥 '야키소바'라고 주문하면 오코노미야키 없이 야키소바만 철판구이 메뉴로 줍니다. 양이 1.5배인 '잠보 믹스(ジャンボミックス)'도 있는데요. 혼자라면 보통으로도 충분한 것 같아요

유형 히로시마식 오코노미야키 맛집 **상호** 삿짱(さっちゃん) **구글맵검색** sacchan akasaka **가격대** ~¥2,000(현금 사용) **웨이팅** ⊖⊖⊖ **영업시간** 평일 11:30~20:00, 토요일 11:30~18:00 **휴무** 일요일, 일본 공휴일 **위치** 아카사카(赤坂). 도쿄메트로 긴자선·한조몬선 아오야마잇초메역 4번(북)출구 도보 10분, 도쿄메트로 치요다선 아카사카역 7번출구 도보 10분, 도쿄메트로 치요다선 노기자카역 1번출구 도보 10분 **주소** Minato-ku Akasaka 7-5-33

교자 먹으러 아카사카 민민에 갑니다 。

동네 중국요릿집
'아카사카 민민(赤坂珉珉)'

후추식초에 찍어 먹는 독특한
'야키교자(¥770)'와
'드래곤 볶음밥(¥825)'

STORY 일본에는 '민민珉珉/みんみん이라는 이름의 교자(군만두) 맛집이 많습니다. 일본에서 교자 소비량이 제일 많은 도시인 도치기현 우츠노미야宇都宮에도 민민이라는 교자 노포가 있고 오사카에도 같은 이름의 교자 체인점이 있어요. 민민의 시작은 도쿄 시부야에 있던 '민민양로칸珉珉羊肉館' 이라고 하는데 그 가게는 문을 닫았습니다. 이번에 소개하는 아카사카의 교자 맛집 민민은 그 가게의 직계이고, 옛날부터 일본 현지인들이 사랑한 교자 맛을 지켜오고 있는 맛집이에요.

MENU 민민의 최고 인기 메뉴는 구운 만두인 '야키교자焼き餃子'입니다. 육즙이 좔좔 흐르는 게 일본인들이 딱 좋아하는 스타일이거든요. 보통 교자를 먹을 때는 쇼유(간장)에 식초와 라유를 적당히 섞어 찍어 먹지만, 여기서는 그렇게 먹으면 안 돼요. 식초에 후추를 넣어 만든 후추식초에 교자를 먹어야 합니다.
민민에는 사람들이 '오카상おかあさん(어머니)'이라고 부르는 주인아주머니가 계신데요. 이곳에서 처음 먹는 손님에게는 그분이 후추식초 만드는 방법을 알려주십니다. 주인아주머니는 정이 많은 분이고 무섭지는 않은데요, 일단 하라는 대로 하는 것이 좋을 듯해요.

그분의 말씀에 따르면 쇼유로 교자를 맛있게 먹을 수 있는 양념의 배합을 만들기 위해 많은 사람이 도전했는데, 결국은 후추식초를 이길 수는 없었다고 하셨어요. 심지어 조미료 회사에서도 민민식 후추식초를 따라 하게 되었다고 해요. 다만 교자를 후추식초에 찍어 먹는 건 일본에서도 일반적인 방법이 아닙니다. 일본인도 처음 보면 놀라요.

민민은 교자뿐만 아니라 전체적으로 요리가 맛있어요. '드래곤 볶음밥ラゴン焼飯'도 인기 메뉴입니다. 마늘이 잔뜩 들어간 단순한 볶음밥인데 교자와 궁합이 잘 맞아요.
그런데 교자는 큰 사이즈로 여섯 개, 드래곤 볶음밥도 양이 꽤 많아요. 일본인들은 교자만으로 식사하는 게 익숙한데, 한국인들은 그렇지 않을 거예요. 맛있더라도 남길 수도 있고요. 혹시 더 먹을 수 있을지 걱정되면 교자는 세 개로, 드래곤 볶음밥은 하프 사이즈로 양을 줄일 수 있어요. 일본에서는 이렇게 양을 미리 조절하는 게 일종의 배려이기도 합니다.
또 하나 추천해 드리고 싶은 메뉴는 '가지카레'인 '나스카레ナスカレー'입니다.* 이 메뉴는 중국요리가 아닌 것 같기도 한데요. 일본 가정에서 먹는 카레와 비슷해서 특별하지 않은 것 같지만 맛있어서 다들 주문하더라고요.

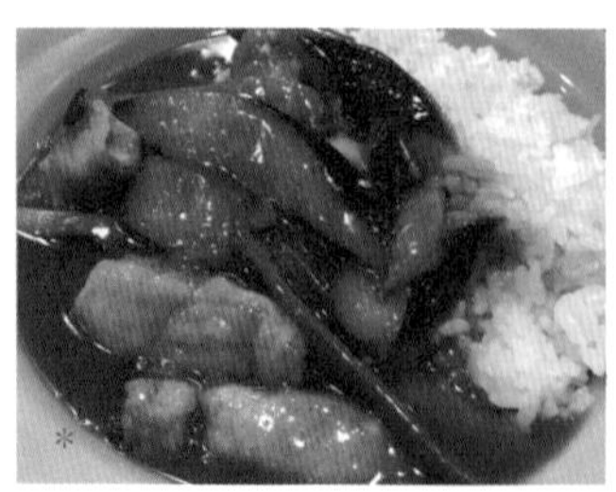
*

TIP 민민은 디너 타임에는 예약 없이 들어갈 수 없는 경우가 많아요. 기다린다고 해도 직원이 포기하라고 합니다. 일본어를 할 수 있거나, 숙소 직원에게 부탁할 수 있다면 전화로 예약하는 것을 추천합니다(예약 전화번호 +813-3408-4805). 런치 타임에는 예약제가 아니어서 영업시간 중에 가면 줄을 서서 기다릴 수 있어요. 혹시 디너 타임에 방문해서 먹지 못하게 되면, 앞에서 소개한 오코노미야키 맛집 '삿짱さっちゃん(235쪽 참조)'이 근처에 있으니 가보시는 것도 좋을 것 같아요.

- 가게 주소는 아카사카인데 지하철 아카사카역에서는 10분 정도 걸어가야 합니다. 지하철 노기자카역, 아오야마잇초메역에서도 10분 정도 거리니까 제일 편한 역에서 찾아가면 될 것 같아요. 주택가 골목에 있어 좀 찾기 힘들 수도 있습니다.

ORDER 저의 추천 메뉴는

야키교자(焼餃子/ヤキぎょうざ): ¥770
드래곤 볶음밥(ドラゴン炒飯, 도라곤차항): ¥825
가지카레(茄子咖哩/ナスカレー, 나스카레): ¥1,540
흰밥(白飯, 라이스): ¥220

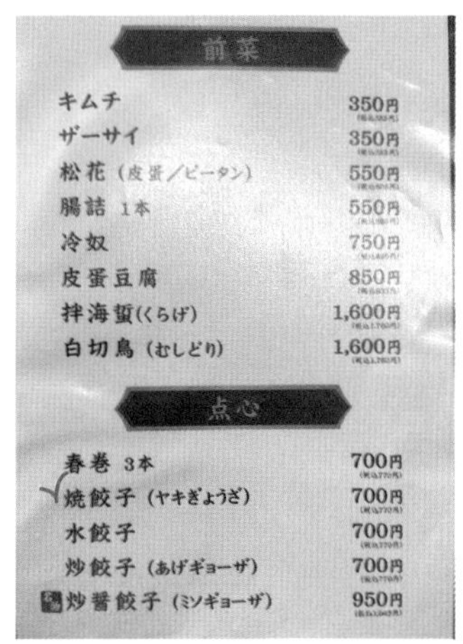

유형 동네 중국요릿집 **상호** 아카사카 민민(赤坂珉珉) **구글맵검색** minmin akasaka **가격대** ~¥2,000 **웨이팅** ⊖⊖⊖⊖ **영업시간** 런치 11:30~14:00(L.O. 13:55), 디너 17:30~22:30(L.O. 21:00) **휴무** 일요일, 일본 공휴일, 일본 명절 **위치** 아카사카(赤坂), 도쿄메트로 아오야마잇초메역 4번출구 도보 10분, 도쿄메트로 아카사카역 7번출구 도보 10분, 도쿄메트로 노기자카역 1번출구 도보 10분 **주소** Minato-ku akasaka 8-7-4

Chapter. 7

DISHES

양식

이 장에서는 원래 일본 음식이 아니었지만 오랫동안 일본인의 사랑을 받아와서 이제는 일본식만큼 자주 먹는 양식洋食인 함바그, 돈카츠, 오므라이스 등을 소개하려고 합니다. 이 요리들은 일본 서민의 음식이고 가정에서 자주 해 먹기도 해요. 특히 함바그와 오므라이스는 아이들도 아주 좋아합니다. 어렸을 때 즐겨 먹은 음식은 어른이 되어서도 좋아하게 되는 것 같아요.
돈카츠는 한국 분식집에도 있고 한국에 진출한 일본 체인점(사보텐이나 카츠야 등)에도 있으니 익숙한 음식이죠. 그런데 이 책에서 소개해 드릴 돈카츠는 이제까지 알고 계시던 것과 전혀 다른 음식이라고 할 수 있습니다. 브랜드 돼지고기로 만든 두툼하고 육질이 최고인 돈카츠. 가격은 일반 돈카츠의 두 배 정도인데도 그걸 먹기 위해 사람들이 엄청 기다리는 걸 보면 그만큼의 가치가 있는 것 같아요. 참고로 미쉐린 '빕 그루망Bib Gourmand' 에도 그런 도쿄의 돈카츠 맛집들이 열 군데 이상 선정되어 돈카츠 팬이 아닌 사람들까지도 열광시키고 있습니다.
일본에서는 빵가루를 묻혀 튀긴 고기요리를 '카츠かつ'라고 해요. '돈카츠とんかつ'는 돼지고기를 튀긴 거죠. 보통은 부위를 구별해서 이름을 쓰는데요. 돼지고기 등심은 '로스카츠ロースかつ', 안심은 '히레카츠ヒレかつ'라고 합니다. 소고기는 '규카츠牛かつ', 닭고기는 '치킨카츠チキンカツ', 다진 고기를 튀긴 '멘치카츠メンチカツ', 돈카츠덮밥인 '카츠동かつ丼' 등이 있습니다.

요즘 저에게 규카츠 맛집을 추천해 달라는 문의가 많아요. 그런데 사실 일본인 대부분은 규카츠를 잘 안 먹어요. 저도 안 먹어봤고 제 주변에도 먹어본 사람이 없습니다. 규카츠는 고베, 교토, 오사카 등 일부 지역에서 옛날에는 일반인들도 먹는 음식이었지만 현재 전국적으로는 사람들이 잘 모르는 음식이고 도쿄 쪽에는 원래 규카츠 식당이 없었기 때문입니다. 일본인은 비싼 가격을 지불하고 규카츠를 먹느니, 고급스러운 돈카츠를 먹는 것이 낫다고 생각하는 경향이 있습니다.

일본 함바그도 한국인에게 인기가 많은데요. 최근에는 함바그가 후쿠오카의 로컬 음식이라고 생각하는 분들도 많더라고요. 사실은 아닙니다. 규카츠처럼 관광객을 대상으로 한 음식이라고 할 수 있어요. 관광객에게 잘 알려진 식당인 '후쿠오카 함바그'도 '모토무라'도 손님이 직접 고기를 익혀 먹는데요. 그건 한국인의 취향에 맞게 일부러 만든 스타일이라고 할 수 있을 것 같아요. 일본 전국에는 맛있는 함바그가 여러 가지 있어요. 그중 도쿄에서 가볼 만한 함바그 맛집을 소개해 드리겠습니다.

요즘은 특히 달걀이 살살 녹는 부드러운 오므라이스가 인기 있더라고요. 일본 가정에서 해 먹는 오므라이스는 그렇게 부드럽지는 않습니다. 양식집이나 전문점의 부드러운 오므라이스가 SNS에서 주목을 받고 유행하고 있는 것 같아요. 이 장에서는 그런 부드러운 오므라이스 이외에 한국인에게는 잘 알려지지 않은 새로운 오므라이스도 소개해 드릴게요.

TOKYO GOURMET TOUR / DISHES / 01

숯불 함바그 먹으러 히키니쿠토코메에 갑니다 。

일본에서 열풍을 일으킨
숯불 함바그 맛집
'히키니쿠토코메(挽肉と米)'

STORY 히키니쿠토코메는 2020년 6월에 기치조지 본점(1호점)이 오픈하자마자 열풍을 일으킨 숯불 함바그 전문점입니다. 카운터석 바로 앞에서 갓 구워 제공하는 숯불 함바그, 그리고 다양한 '먹는 팁'이 주목을 모으면서, 한일 양국에서 이곳을 벤치마킹한 맛집이 잇달아 생겼습니다. 2024년 현재, 공식 인정된 점포는 도쿄에서는 기치조지 본점과 시부야점(2호점), 그 외 교토점(3호점)과 이마이즈미점(후쿠오카, 4호점)밖에 없어요. 저는 공식 매장인 '히키니쿠토코메'에서 드셔보시는 걸 추천하고 싶습니다. 역시 공식 매장은 맛이 각별하거든요. 이번엔 시부야점을 소개해 드릴게요.

MENU 메인 메뉴는 '히키니쿠토코메 함바그 정식'뿐입니다. '히키니쿠挽肉'는 다진 고기, '코메米'는 쌀을 의미합니다. 함바그와 쌀밥에 대한 자부심이 메뉴명에서도 느껴지네요. 카운터석에 앉으면 숯불 함바그 세 개(한 개당 90g), 흰밥(리필 가능), 된장국, 날달걀(한 개)가 제공됩니다. 직원이 바로 앞에서 손님이 먹는 속도에 맞춰 함바그를 구워줍니다.

토핑이나 소스가 다양하지만, 처음에는 아무것도 찍지 않고 함바그를 그대로 밥에 올려 드셔보세요. 가장 크게 감동을 느낄 수 있을 테니까요. 그러고 나서는 각종 토핑이나 소스로 나만의 함바그를 만들어 먹으면 재미있을 거예요. 일본인은 먹다가 중간중간에 각종 조미료를 넣어 맛을 바꾸는 걸 좋아합니다. 처음부터 끝까지 맛이 균일하면 질린다고 느끼니까요. 토핑은 고춧가루 마라 향신료, 마늘튀김, 올리브오일 풋고추, 간장양념 등 다양하게 준비되어 있습니다.* 혹시 날달걀을 드실 수 있으면, 함바그 위에 노른자를 얹어 간장을 좀 뿌려 먹는 것도 좋아요.

히키니쿠토코메 공식 토핑 팁은 가게 공식 인스타그램 계정에 공개되고 있고, 제가 개인적으로 좋아하는 먹는 팁도 제 인스타그램 피드(#nemo 히키니쿠토코메)에 자세히 설명해 두었습니다. 혹시 궁금하신 분은 확인해 보세요.

먹는 방법이 다양해서
더 즐거운 '히키니쿠토코메
함바그 정식(¥1,800)'

TIP 【시부야점 인터넷 예약 방법】

히키니쿠토코메 시부야점은 인터넷으로 예약하고 가셔야 해요. 예약 없이는 못 들어갑니다.

- 일본 음식점 웹사이트 'Table Check(https://www.tablecheck.com/ko/shops/hikinikutocome/reserve)'에서 예약하세요. 한국어 페이지가 있지만, 일부 번역되지 않는 글은 번역기를 이용해 보세요.
- 매일 자정에 예약 개시. 1주 이내의 시간대를 예약할 수 있습니다.
- 예약 시 신용카드를 등록해야 하고, 보증금으로 1,800엔을 받고 있습니다.
- 예약 취소 시 수수료가 발생합니다. 전일 보증금 50%, 당일 보증금 100%.
- 예약한 시간에 방문하고 가게 앞(3층 문 앞 계단)에서 기다리면 직원이 예약자 이름을 불러줍니다.

【기치조지 본점 웨이팅리스트 기입 방법】

예약제는 아닙니다. 우선 번호표를 받고 번호표에 기재된 시간에 다시 방문해야 합니다. 방문시간(번호표에 기재된 시간)은 번호표를 받을 때 원하시는 시간을 말씀해 주시면 됩니다. 번호표는 오전 9시부터 배부가 시작되는데, 선착순으로 좋은 시간대의 자리가 나가기 때문에 되도록 빨리 받으러 가는 게 좋습니다. 보통 오전 8시쯤부터 번호표를 받는 대기 줄이 생깁니다.

LOCATION 시부야점은 도겐자카 방면 골목에 위치합니다. 아래 왼쪽 사진은 건물 입구로, 가게는 3층에 있습니다.

ORDER 저의 추천 메뉴는

히키니쿠토코메 함바그 정식(挽肉と米 挽きたてハンバーグ, 히키니쿠토코메 히키타테 함바그): ¥1,800

유형 숯불 함바그 맛집 **상호** 히키니쿠토코메(挽肉と米) **가격대** ¥1,800~

【시부야점】

구글맵검색 hikinikutokome shibuya **예약** 인터넷(Table Check) **영업시간** 런치 11:00~15:00, 디너 17:00~21:00 **휴무** 첫째·셋째 주 수요일 **위치** 시부야(渋谷), JR시부야역 하치코(ハチ公) 출구 도보 3분 **주소** Shibuya-ku Dogenzaka 2-28-1 3F

【기치조지점】

구글맵검색 hikinikutokome kichijoji **웨이팅** ⊖⊖⊖⊖⊖ **영업시간** 런치 11:00~15:00, 디너 17:00~21:00 **휴무** 둘째·넷째 주 수요일 **위치** 기치조지(吉祥寺), JR·게이오 이노카시라선 기치조지역 북쪽 출구 도보 5분 **주소** Musashino-shi Kichijojihoncho 2-8-3

함바그 먹으러 야마모토노 함바그에 갑니다 。

사람을 행복하게 해주는 맛집
'야마모토노 함바그
(山本のハンバーグ)'

STORY '야마모토노 함바그'는 앞서 소개한 '히키니쿠토코메'를 운영하는 맛집입니다. '히키니쿠토코메'가 세컨드 브랜드인데 크게 성공하면서 유명해졌지만, 본가인 야마모토노 함바그도 소개할 만한 맛집이에요.

흑우 와규와 홋카이도산 돼지고기로 만든 '야마모토노 함바그(¥1,880)'

원래 가게 이름이 '오레노 함바그 야마모토俺のハンバーグ山本'였어요. '오레노'는 남자가 쓰는 말인데 '나의'라는 뜻이에요. '나만의 스타일'이라는 뜻도 있는 것 같고요. '오레노 함바그 야마모토'는 가게 이름도 인상적인데다 맛으로도 소문이 났는데, 점점 다른 업체에서도 오레노라는 이름을 따라서 쓰기 시작했습니다. 오레노 프렌치, 이탈리안, 야키니쿠, 야키토리, 베이커리 등등 여러 종류가 등장했어요. 그러자 원조인 '오레노 함바그 야마모토'가 브랜드 이름에서 '오레노'를 버리고 '야마모토노 함바그'로 새롭게 시작했습니다. 음식이 워낙 맛있다 보니 가게 이름 바뀐 후에도 변함없이 인기 맛집의 명성을 이어가고 있어요.

MENU 야마모토노 함바그는 흑우 와규와 홋카이도산 돼지고기로 만든 함바그입니다. 뜨겁게 달군 주물 그릇에 데미그라스소스와 함께 나와요. 함바그 안에 크림소스가 들어 있는 것이 특징이에요. 함바그 위에는 홀란데이즈소스(에그 베네딕트에도 얹는 버터와 달걀노른자, 레몬즙으로 만든 화이트소스처럼 크리미한 소스)가 뿌려져 있고 비주얼도 독특하죠. 위 사진은 시부야점의 야마모토노 함바그인데, 지점마다 맛이나 스타일이 약간 다르기도 합니다.

함바그 메뉴에는 밥, 된장국, 채소 주스가 제공됩니다. 기본으로 나오는 작은 채소 주스는 200엔을 추가하면 좀 더 큰 레귤러 사이즈로 변경할 수 있어요.

TABLE 테이블 위에 '타베루 라유食べるラー油'라는 고춧가루 참기름이 놓여 있는데, 이걸 밥에 넣어 먹어도 꿀맛입니다(이 집은 심지어 그냥 밥도 맛있어요).* 라유는 중국요릿집에서 교자를 찍어 먹는 조미료인데 최근 일본에서는 타베루 라유로 만들어 밥에 넣어 먹는 것이 인기거든요. 별로 맵지 않으면서도 밥을 더 맛있게 해주는 마법의 조미료예요. 혹시 밥이 모자라면 공짜로 리필도 가능합니다.

LOCATION 야마모토노 함바그 시부야점은 시부야역에서 가까운 시부야 경찰서 뒷골목에 위치합니다. 본점은 에비스에 있어요.

TIP '야마모토노 함바그'는 도쿄에 9개의 점포를 두고 있습니다. 어느 점포든 인기가 많아서 웨이팅은 항상 있는 것 같아요.
시부야점 이외에 기치조지점, 지유가오카점, 오오카야마점, 나카메구로점, 신바시점, 아카사카미쓰케점, 아사가야점, 도쿄돔시티가 있어요. 구글맵에서 yamamotono hamburg + kichijoji / jiyugaoka / ookayama / nakameguro / shinbashi / akasaka mitsuke / asagaya / tokyodome city로 검색해 보고 가세요.

신바시점은 런치만 영업합니다. 신바시점 런치 한정 메뉴 '규스지 데미함바그(소 힘줄 데미글라스소스 함바그)'는 가격이 1,000엔인데 정말 맛있습니다!

시부야점 메뉴판

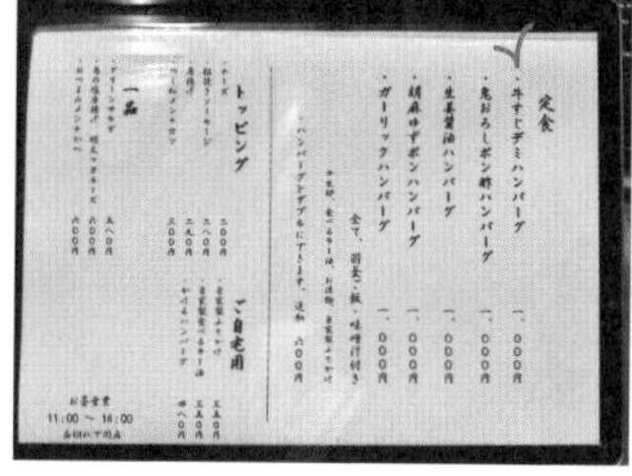

신바시점 메뉴판

ORDER 저의 추천 메뉴는

☞ 시부야점
야마모토노 함바그(山本のハンバーグ): ¥1,880
채소 주스 레귤러 사이즈(野菜ジュース レギュラーサイズ, 야사이쥬스 레귤라 사이즈) 변경: ¥200

☞ 신바시점
소 힘줄 데미글라스소스 함바그(牛すじデミハンバーグ, 규스지 데미함바그): ¥1,000

유형 함바그 맛집 **상호** 야마모토노 함바그 시부야점(山本のハンバ＿グ渋谷食堂) **구글맵검색** 야마모토노 함바그 시부야점 **가격대** 런치 ¥1,000~3,000(현금 사용) **웨이팅** ㊀㊀㊀㊀ **영업시간** 11:00~22:00(L.O. 21:30) **휴무** 무휴 **위치** 시부야(渋谷). JR시부야역 동쪽 출구, 남쪽 출구, 시부야 히카리에 도보 3분 **주소** Shibuya-ku Shibuya 3-6-18

롤캬베츠 먹으러 BISTRO ROVEN에 갑니다。

일본 서민의 인기 양식 메뉴,
롤캬베츠를 'BISTRO ROVEN'에서
드셔보세요!

소스와 절묘한 궁합! 런치 메뉴인
'데미글라스소스 롤캬베츠(¥1,600)'

STORY 여러분은 일본의 양배추말이라는 음식에 대해 들어보셨나요? 일본에서는 '롤캬베츠ロールキャベツ'라고 부르는데요, 다진 고기를 양배추 위에 올린 뒤 돌돌 만 요리입니다. 일본 양식집에선 흔한 메뉴인데, 가정에서도 만들어 먹기도 해요. 조리 할 때 손이 좀 가는 편이지만, 일본인이 좋아하는 양식 요리입니다.

'BISTRO ROVEN(비스트로 로벤)'의 추천 메뉴는 이 롤캬베츠입니다. 가게 이름인 'ROVEN'은 '롤캬베츠Roll Cabbage'를 '오븐Oven'에 굽는 것을 의미한답니다. 일반적으로 롤캬베츠는 콩소메수프나 토마토수프 혹은 오뎅탕에 넣어 끓이는 경우가 많은데요. ROVEN에서는 끓이지 않고 구운 뒤 소스를 뿌리는 스타일입니다.

MENU BISTRO ROVEN의 롤캬베츠는 데미글라스소스, 토마토소스, 화이트소스 중에서 맛을 고를 수 있습니다. 데미글라스소스를 뿌린 롤캬베츠는 비주얼이 함바그 같습니다. 실제 이곳에서는 함바그도 파는데, 비주얼은 똑같이 생겼어요. 저는 데미글라스소스 롤캬베츠를 추천해 드리고 싶습니다. 양식집에서의 기본 맛은 데미글라스소스이고, 일본인은 함바그도 데미글라스소스를 뿌려 먹는 걸 좋아하는데요. 이곳의 데미글라스소스는 이제까지 제가 먹어본 것 중에서 최고입니다. 화학조미료를 전혀 사용하지 않고 만든 소스인데 충분히 진해요. 안에 들어 있는 양배추와 다진 고기의 맛을 돋보이게 하는 절묘한 맛입니다. 런치 타임에는 롤캬베츠에 밥 또는 빵, 샐러드, 수프가 세트로 나옵니다. 물론 밥과도 잘 어울리지만, 이런 건 빵이랑 먹어도 맛있죠.

또, 디너 한정 메뉴인 와규 특제 비프스튜도 진짜 맛있습니다. 한국에서 스튜는 흔한 메뉴는 아닌 것 같은데, 일본에서는 카레만큼이나 아주 인기 높고 자주 먹는 메뉴거든요. 학교 급식으로도 나오고, 가정에서도 해 먹습니다. 식재료가 카레와 비슷해 카레 만든 후 남은 재료로 스튜를 만들기도 해요.

데미글라스소스가 맛있는 양식집의 비프스튜는 맛있을 수밖에 없습니다. 깊은 감칠맛, 적당한 산미, 부드럽게 푹 끓인 와규, 혹시 스튜를 많이 안 드셔본 분이라도 이곳의 스튜 맛에 매료될 거예요.

TIPS BISTRO ROVEN은 미타, 시바코엔, 핫초보리, 신주쿠에 점포를 두고 있습니다. 구글맵에서 bistro roven + mita / shiba / hacchobori / shinjuku로 검색하고 가세요. 개인적으로 미타점을 가장 좋아합니다. 미타점은 규모가 작고 귀여운 동네 양식집이고, 1층 카운터석에서는 혼밥도 별로 불편하지 않아요. JR다마치역 서쪽 출구에서 도보로 5분 거리에 있으며, 제가 런치 타임에 자주 이용하는 양식집입니다.

ORDER 저의 추천 메뉴는

☞ 런치 메뉴

데미글라스소스 양배추말이(デミグラスソースのロールキャベツ, 데미글라스소스 롤캬베츠): ¥1,600

※라이스 또는 빵, 샐러드, 수프 세트

※디너 타임에는 단품으로 ¥1,980

☞ 디너 메뉴

와규 특제 비프스튜(和牛特製ビーフシチュー, 토쿠세이 와규 비후시츄): ¥3,850

유형 양식집 **상호** BISTRO ROVEN 미타점(三田店) **구글맵검색** bistro roven mita **가격대** 런치 ¥1,000~, 디너 ¥5,000~ **웨이팅** ⊖⊖ **영업시간** 런치 11:30~14:30(L.O. 14:00), 디너 17:30~23:00(L.O. 22:00) **휴무** 비정기 **위치** 미타(三田), JR다마치역 미타 출구 도보 5분, 도에이 지하철 미타선 미타역 A6출구 도보 3분 **주소** Minato-ku Shiba 4-13-11

TOKYO GOURMET TOUR / DISHES / 04

돈카츠 정식 먹으러 아오키에 갑니다。

보통의 돈카츠와는 수준이 다르다! 브랜드 돼지고기 돈카츠로 유명한 '아오키(檍)'

STORY 일본에서는 몇 년 전부터 '브랜드 돼지고기'로 만든 돈카츠가 유행하고 있어요. '브랜드 돼지고기'를 한마디로 정리하기엔 꽤 여러 종류가 있긴 하지만, 일반적으로는 사육 단계부터 잘 관리하고 좋은 먹이를 주고 정성껏 키운 돼지를 말합니다. 아무래도 유통되는 양이 제한적이어서 가격은 상당히 비싸지만 육질은 최고예요.

브랜드 돼지고기 중 특히 제가 추천하고 싶은 것이 '하야시SPF林SPF'라는 브랜드입니다. 철저한 위생 관리로 특정 악성균 없이 건강히 키워, 전혀 누린내가 나지 않는다는 특징이 있습니다. 특히 돈카츠로 먹는 게 최고예요.

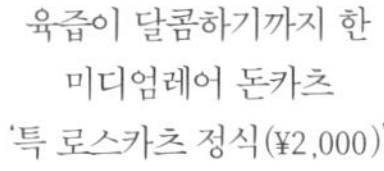

하야시SPF의 돈카츠를 파는 대표적인 맛집이 '아오키'입니다. 아오키 본점은 도쿄 남부의 오타구 가마타에 있어요. 하네다공항에서 가깝고 돈카츠 맛집이 많은 곳으로 유명하답니다. 아오키는 돈카츠 격전지인 가마타에서도 최고 수준의 맛집입니다.

MENU 일반적인 돈카츠집보다 고온으로 단시간에 튀기는데, 육질이 전혀 뻣뻣하지 않고 식감이 좋아요. 심지어 비계나 육즙의 맛은 달콤하기까지 해서 일반적인 돈카츠와 상당히 달라요. 일본 돈카츠는 한국보다 고기가 두툼한 편인데, 아오키의 '특 로스카츠 정식特ロースかつ定食'은 상상 이상으로 두툼해서 놀라실 겁니다. 게다가 튀김옷도 인상적입니다. 빵가루 하나하나가 살아 있는 느낌이고, 부드러운 고기와 바삭한 튀김옷의 궁합이 환상적이면서도 맛있습니다. 특 로스카츠 정식(가게에서 제일 좋은 육질의 메뉴) 가격이 2,000엔. 일반적인 일본 돈카츠보다는 비싼 편이죠. 그러나 그 돈카츠를 먹으러 매일 손님들이 줄을 서서 기다립니다. 비싼데도 그만큼 가치가 있다는 증거죠. 피크 타임에는 한 시간 이상 기다리는 것이 보통이에요. 특히 런치 타임의 웨이팅은 어마어마합니다. 꼭 시간 여유가 있을 때 도전해 보세요.

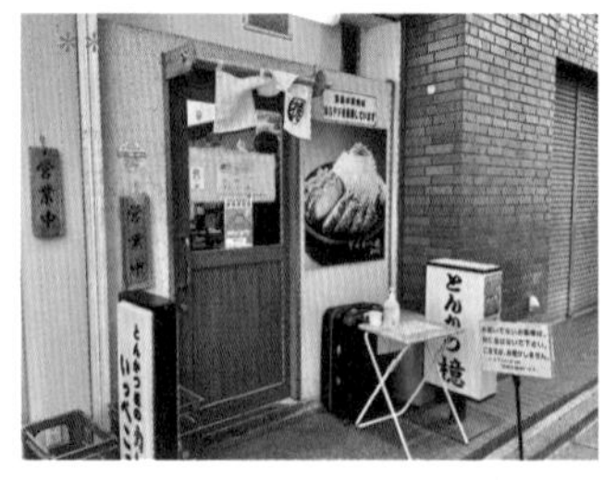

TABLE 이렇게 육질이 좋은 돈카츠를 먹을 때는 소스 말고 암염(소금)에 찍어 먹어요. 암염은 고소한 돼지고기의 맛을 잘 살려주는 것 같습니다. 테이블 위에 있는 다양한 소금을 앞접시에 조금씩 덜어 골고루 찍어 드셔보세요. 히말라야 핑크솔트, 블랙솔트ナマック岩塩, 오키나와 해수염 등이 있습니다.* 양배추에 소스를 뿌려 먹어도 좋습니다.

TIP 아오키 바로 옆에는 카츠카레(돈카츠를 얹은 카레) 전문점이 나란히 있습니다. 가게 이름은 '잇페콧페いっぺこっぺ'. 오른쪽 가게가 아오키, 왼쪽 노란집이 잇페콧페입니다.** 이곳은 아오키가 운영하는 곳으로, 같은 하야시SPF 돼지고기를 사용하는 카츠카레 전문점이에요. 하야시SPF의 카츠카레를 먹어보고 싶다면 아오키 말고 잇페콧페에 가야 합니다. 하지만 하야시SPF 같은 최고 육질의 돈카츠는 그냥 정식으로 먹는 게 나을 것 같아요. 아오키도 잇페콧페도 줄을 서지만 줄은 각각 나뉘어 있으므로 잘 확인해야 합니다. 줄이 다르면 큰일이죠.

혹시 아오키 가마타 본점에서 많이 기다릴 수 없다면 가마타역 동쪽 출구 도보 3분 거리에 있는 '마루야마 쇼쿠도まるやま食堂(구글맵검색 maruyamashokudo kamata)'에서도 같은 돈카츠를 먹을 수 있습니다. '마루야마 쇼쿠도'는 아오키 계열의 식당인데, 주민들이 이용하는 동네 식당입니다. 관광객이 찾아오는 맛집은 아니지만, 혹시 로컬 분위기가 괜찮으시면 '마루야마 쇼쿠도'로 찾아가도 될 것 같습니다. 앞에서 소개한 '아오키 쇼쿠도(209쪽 참조)'에도 돈카츠 정식은 있지만, 메

뉴에 특 로스카츠 정식은 없습니다. 그냥 로스카츠 정식(170g, 1,200엔)만 제공합니다.
아오키는 가마타 본점 이외에 게이큐 가마타점, 긴자점, 긴자 4초메점, 다이몬점, 아사쿠사바시점, 니혼바시점, 하네다 이노베이션 시티점, 아카사카점, 이렇게 여덟 곳의 점포를 두고 있습니다.
구글맵에서 'tonkatsu aoki + keikyu kamata / ginza / ginza 4-chome / daimon / asakusabashi / nihonbashi / haneda / akasaka'로 검색하고 가세요. 긴자 4초메점은 다른 점포보다 고급스러운 컨셉의 점포이고, 타베로그tabelog.com에서 예약이 가능합니다.

ORDER 저의 추천 메뉴는

특 로스카츠 정식(特 ロースかつ定食, 토쿠 로스카츠 테이쇼쿠): ¥2,000

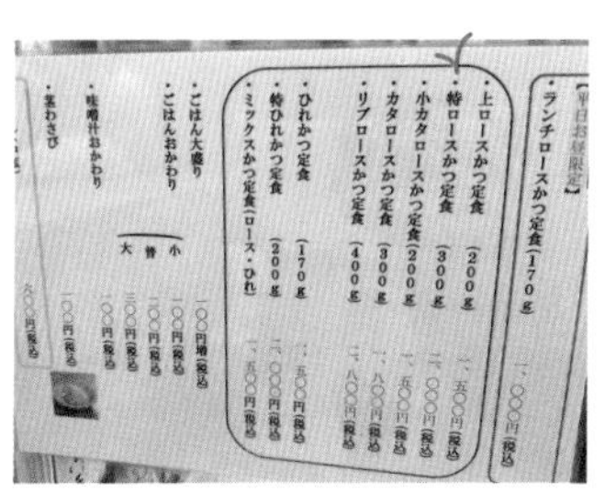

평일 런치 한정 메뉴로 1,000엔 돈카츠 정식도 있지만, 일부러 이곳까지 찾아가는 분이라면 '특 로스카츠 정식'을 추천합니다. 주문은 줄을 서 있는 동안 직원이 와서 물어볼 텐데요. 주문한 뒤에는 메뉴를 변경할 수 없으니까 주의하세요.

유형 돈카츠 맛집 **상호** 아오키 가마타 본점(とんかつ檍 蒲田本店) **구글맵검색** tonkatsu aoki kamata **가격대** ¥1,000~3,000(현금 사용) **웨이팅** ⊖⊖⊖○○ **영업시간** 런치 11:00~15:00 / 디너 평일 17:00~21:00(L.O.), 일요일·일본 공휴일 17:00~20:00(L.O.) **휴무** 무휴 **위치** 가마타(蒲田), JR/도큐 카마타역 동쪽 출구 도보 4분 **주소** Ota-ku Kamata 5-43-7

믹스 후라이 먹으러 시치조에 갑니다 。

믹스 후라이가 맛있는
일본 전통 양식집 '시치조(七條)'

STORY 일본인들은 양식을 좋아해서, 일본식으로 변화시킨 양식을 파는 식당이 많이 있어요. 일본에서는 '경양식'이라는 호칭은 별로 쓰지 않고, 양식을 파는 집을 '요쇼쿠야洋食屋(양식당)'라고 부릅니다. 품위 있는 레스토랑 같은 스타일인 경우가 많고 가격은 싸지 않지만, 데이트나 접대, 가족 외식 장소로 이용하곤 하지요. 일본 양식집에서의 기본 메뉴는 함바그, 오므라이스, 스튜, 나폴리탄 스파게티 등인데, 튀김류도 인기 높답니다. 1976년 간다에서 창업했으며 2023년 미타카로 이전한 '시치조'의 여러가지 튀김을 모아서 제공하는 '믹스 후라이'가 저의 추천 메뉴예요.

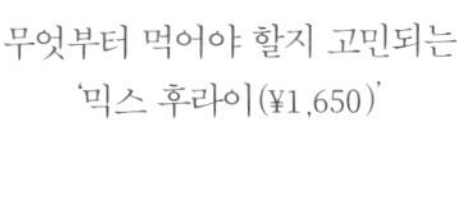

무엇부터 먹어야 할지 고민되는
'믹스 후라이(¥1,650)'

MENU '후라이フライ'는 일본식 발음으로, 프라이(튀김)를 가리키는 말입니다. 믹스 후라이는 돈카츠とんかつ, 치킨카츠チキンカツ, 멘치카츠メンチカツ, 고로케コロッケ, 에비후라이エビフライ(새우튀김), 카라아게から揚げ(닭튀김), 아지후라이アジフライ(전갱이튀김)등을 한 접시에 골고루 제공하는 메뉴랍니다. 이곳 시치조의 믹스 후라이는 에비후라이, 아지후라이, 카니크림고로케(게살크림 고로케)가 제공됩니다. 무엇이든 밥반찬으로 먹는 일본에서는, 이런 튀김 역시 밥이랑 먹어요. 한국인들은 텐동(텐푸라 덮밥)을 좋아하는 걸로 알고 있는데요, 돈카츠처럼 바삭한 새우튀김에 소스를 뿌려 밥과 같이 먹어도 맛있어요. 고로케도 마찬가지고요. 한국식 고로케는 빵처럼 간식으로 먹는 것 같지만, 일본에서는 고로케 정식이나 고로케 카레, 고로케 소바 등 주식과 같이 먹곤 해요. 특히 카니크림고로케는 인기가 많고, 저는 어렸을 때부터 집밥이나 도시락 메뉴로 먹으며 자라왔습니다. 아지후라이는 사사미(닭가슴살튀김) 혹은 카키후라이(굴튀김)로 변경할 수도 있지만, 저는 변경하지 않고 아지후라이를 주문했습니다. 한국인들도 아지후라이의 매력을 알아주셨으면 좋겠어요(209쪽 참조). '믹스 후라이'에 멘치카츠와 히레카츠(안심카츠), 호타테후라이(가리비튀김)를 추가한 '스페셜 믹스 후라이(2,300엔)'라는 메뉴도 있어요.

물론 믹스 후라이 이외의 메뉴들도 전체적으로 맛있어요. 특히 일본 양식집의 기본 중의 기본인 함바그가 추천할 만합니다. 매시드 포테이토 위에 동그란 함바그를 얹어 데미글라스소스를 듬뿍 뿌린 함바그. 이것이 바로 일본인이 사랑하는 양식 함바그 스타일입니다.
디너 타임은 코스 메뉴(5,000~9,000엔) 위주로 제공하고, 예약이 필요한 경우도 있어요. 이곳은 런치 타임에 가보시는 걸 추천합니다.

LOCATION 가게는 JR주오선 미타카역에서 도보로 2분 거리에 있습니다. 미타카역은 기치조지역에서 다치카와·다카오 방면으로 한 정거장입니다. 신주쿠역에서 제일 빠른 급행열차인 JR주오선 주오특쾌中央特快를 이용하면 13분(두 정거장) 소요입니다.

ORDER 저의 추천 메뉴는

☞ 런치 메뉴

믹스 후라이(ミックスフライ): ¥1,650

데미글라스소스 함바그(ハンバーグステーキ デミグラスソース): ¥2,000

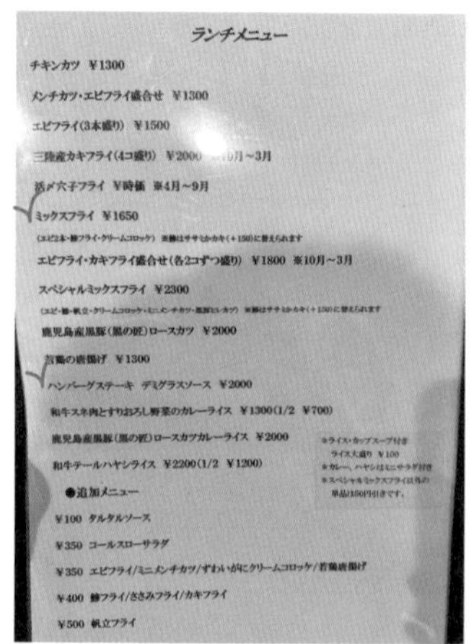

유형 양식집 **상호** 서양 요리 레스토랑 시치조(西洋料理RESTAURANT 七條) **구글맵검색** shichijo mitaka **가격대** 런치 ¥1,000~, 디너 ¥5,000~ **웨이팅** ⊖⊖⊖⊖ **영업시간** 런치 11:30~14:00(L.O.), 디너 18:00~20:30(L.O.) **휴무** 화·수요일 **위치** 미타카(三鷹), JR미타카역 남쪽 출구 도보 3분 **주소** Mitaka-shi Shimorenja-ku 3-15-15

카키후라이 먹으러 타라라에 갑니다 。

거대한 카키후라이를 파는
닌교초 맛집 '타라라(多良々)'

STORY 날씨가 쌀쌀해지면 저는 굴튀김이 땡깁니다. 한국에서도 그렇겠지만, 제철 맞은 굴 요리는 각별하죠. 일본어로 굴튀김은 '카키후라이カキフライ'인데요, 일본의 대표적인 굴 요리 하면 뭐니 뭐니 해도 카키후라이가 아닐까 해요. 이번에 소개할 닌교초 맛집 '타라라多良々'는 통상 11월 중순쯤부터 이듬해 3월쯤까지 엄청 큰 카키후라이를 먹을 수 있어요.

MENU 일반적으로 일본산 굴의 크기는 4~5cm인데 이곳의 카키후라이는 안심 돈가스만큼(약 10cm)이나 큽니다. 이와테현 히로타항에서 3년간 키운 '3년굴3年牡蠣'을 사용하기 때문입니다. 일본에서는 생선이나 해산물의 경우 크기가 커지면 맛이 떨어질 수도 있다고 생각하지만, 히로타항의 3년굴은 전혀 그렇지 않아요. 튀겨도 굴 안에 진한 즙이 가득하고, 입에 넣는 순간 향긋한 바다의 풍미가 퍼집니다. 이 굴은 일본 최대의 수산시장인 '토요스 시장豊洲市場'에서 최고 평가를 받은 브랜드 굴이기도 하거든요.
타라라의 기간 한정 메뉴인 '카키후라이 정식'은 카키후라이가 서너 개 나옵니다. 양이 부족하지 않을까 걱정하는 사람도 있겠지만, 크기 자체가 달라요. 다른 메뉴로 카키후라이(두 개)와 쇼가야키(돼지고기 생강양념구이) 정식도 있습니다.*

3년산 거대 굴을 사용한
기간 한정 메뉴
'카키후라이 정식(¥2,600)'

저녁에는 주로 코스 요리를 제공하기 때문에 점심 때 방문하시는 걸 추천합니다. 카키후라이는 계절 한정 메뉴이어서 매년 11월쯤부터 다음 해 3월쯤까지 맛볼 수 있어요. 판매 기간은 굴이 시장에 나오는 시기에 따라 다소 변동되기도 합니다. 고등어 된장조림, 게살크림 고로케, 새우튀김 등 카키후라이 이외의 메뉴들도 맛있어요.

ORDER 저의 추천 메뉴는
☞런치 메뉴
굴튀김 정식(カキフライ定食, 카키후라이 테이쇼쿠): ¥2,600
※기간 한정 메뉴
굴튀김 돼지고기 생강양념구이 세트 정식(カキフライと生姜焼き, 카키후라이토 쇼가야키): ¥2,700

유형 양식집 **상호** 타라라(多良々) **구글맵검색** tarara ningyocho **가격대** 런치 ¥1,000~, 디너 ¥6,000~ **웨이팅** ⊖⊖ **영업시간** 평일 런치 11:30~14:00(L.O. 13:30), 디너 17:30~22:30(L.O. 21:30) / 첫째·셋째 주 토요일 런치 11:30~14:00(L.O. 13:30), 디너 17:00~22:00(L.O. 21:00) **휴무** 둘째·넷째 주 토요일, 일요일, 일본 공휴일 **위치** 닌교초(人形町), 도쿄메트로 히비야선 닌교초역 A3출구 도보 2분 **주소** Chuo-ku Nihonbashi Ningyocho 2-25-3

카키바타야키 먹으러
카츠레츠 요츠야 타케다에 갑니다。

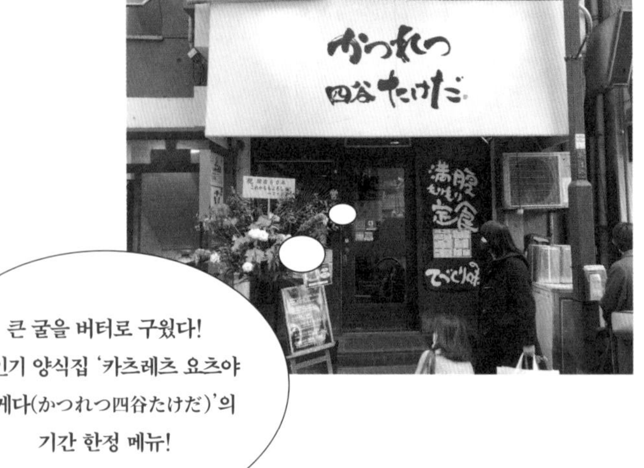

**큰 굴을 버터로 구웠다!
초인기 양식집 '카츠레츠 요츠야 타케다(かつれつ四谷たけだ)'의 기간 한정 메뉴!**

STORY 양식 맛집 '카츠레츠 요츠야 타케다'. 이곳은 원래 도쿄 최대 수산시장인 츠키지 시장에서 영업했는데 1970년에 요츠야로 이전했습니다. 츠키지 시장에서 일하는 사람들은 온종일 생선을 다루다 보니 밥 먹는 시간만큼은 생선을 보고 싶어하지 않아서인지 츠키지 시장에는 양식집이나 돈부리집이 많이 생긴 것 같아요. 츠키지 하면 해산물의 이미지가 강하지만, 츠키지에서 창업한 좋은 양식집이나 돈부리집이 의외로 많거든요.

기다림이 아깝지 않은
'카키바타야키 정식(¥1,700)'

가게 이름에 '카츠레츠'라는 말이 들어 있는데요, 일본 노포 양식집에서는 돈카츠를 카츠레츠라고 부르는 경우가 있고(튀김 요리를 뜻하는 프랑스어 côtelette에서 유래), 이곳 카츠레츠 요츠야 타케다는 카츠레츠(돈카츠)를 비롯한 카츠(튀김)류를 메인으로 제공하는 맛집입니다. 하지만 가게 이름과 달리 이곳의 인기 메뉴는 튀김이 아니라 매년 11월부터 4월쯤까지 제공하는 기간 한정 메뉴 '굴 버터구이(카키바타야키) 정식'입니다(굴 수확 시기에 따라 기간은 다소 변동됩니다).

MENU 앞서 소개했듯, 일본에서 가장 유명한 굴 요리는 '카키후라이カキフライ(굴튀김)'지만 굴을 버터로 구운 '카키바타야키カキバター焼'도 일본 양식집에서 인기가 높아요. 통통한 굴을 간장 버터로 구워낸 카키바타야키는 흰밥과 무척 잘 어울립니다. 이곳에서 사용하는 굴은 이와테현 히로타항산 굴입니다. 앞서 소개한 맛집 '타라라(267쪽 참조)'의 3년굴은 아니지만, 이곳의 굴도 상당히 큰 편이고 식감이 탱탱!

카키바타야키 정식(1,700엔)은 큰 굴구이가 대여섯 개 나옵니다. 굴의 수는 사이즈에 따라 다소 변동될 수 있어요. 제가 방문했을 때는 굴이 다섯 개 나왔는데 양이 충분했어요. 혹시 더 먹고 싶다면 한두 개 추가하는 '굴 토핑 증량 정식おかず増し(2,100엔)'을 주문하면 됩니다. 참고로 제 옆자리에 앉아 계신 손님은 카키바타야키 정식에 카키후라이 단품(굴 두 개)을 주문하시더라고요. 굴을 만끽하고 싶으면 이렇게 주문하는 것도 좋은 방법이겠네요.

TIP 이곳은 개인적으로 꼭 추천하고 싶은 맛집이지만, 웨이팅은 이 책에서 소개하는 맛집 중 가장 긴 편입니다.

저는 오픈 시간인 오전 11시에 맞춰 방문했지만, 벌써 30명 정도의 손님들이 줄을 서서 기다리고 있더라고요. 저는 한 시간 정도 기다렸다가 입장했습니다. 혹시 오전 11시 넘어 방문하면 웨이팅이 50명 정도, 한두 시간 기다리게 될 수도 있으니, 런치 타임에 식사를 하려면 11시까지 방문하시는 걸 추천합니다. 디너 타임은 오후 5시에 문을 여는데 런치 타임보다는 손님이 적어요. 런치도 디너도 메뉴는 똑같습니다. 토요일은 디너 영업을 하지 않으니 주의하세요.

ORDER 저의 추천 메뉴는

굴 버터구이 정식(カキバター焼定食, 카키바타야키 테이쇼쿠): ¥1,700
※11~4월의 기간 한정 메뉴

유형 양식집 **상호** 카츠레츠 요츠야 타케다(かつれつ四谷たけだ) **구글맵** yotsuya takeda **가격대** ¥1,000~(현금 사용) **웨이팅** ⊖⊖⊖⊖⊖ **영업시간** 평일 런치 11:00~15:00(L.O.), 디너 17:00~20:00(L.O.) / 토요일 런치 11:00~15:00(L.O.) ※토요일 디너는 영업 안 함 **휴무** 일요일, 일본 공휴일 **위치** 요츠야(四谷), JR주오선 · 소부선 요츠야역 요츠야 출구 도보 2분, 도쿄메트로 마루노우치선 · 난보쿠선 요츠야역 3번출구 도보 2분 **주소** Shinjuku-ku Yotsuya 1-4-2

오므라이스 먹으러 FRANKY & TRINITY에 갑니다。

메뉴가 오직 오므라이스뿐인 전문점
'FRANKY & TRINITY'

촉촉한 달걀의 '돌핀 오므라이스(¥800)'
케첩으로 'FRANKY'라고 쓰여 있어요.

STORY 근래에 유행하는 부드럽고 촉촉한 달걀의 오므라이스. 도쿄에서 그런 몽글몽글한 달걀의 오므라이스를 맛보고 싶은 분들께 나카노사카우에에 있는 'FRANKY & TRINITY(프랭키 앤 트리니티)'를 추천합니다.

MENU 저는 나름대로 여러 곳에서 오므라이스를 먹어봤지만, 여기는 심플하지만 개인적으로 제일 감동받은 맛입니다. 인기 메뉴는 '돌핀 오므라이스ドルフィンオムライス'. 밥 위에 포슬포슬한 달걀이 얹혀 있는 모양이 돌고래처럼 생겼다 해서 붙여진 이름 같아요. 너무 예뻐서 잠시 그냥 쳐다보고 싶지만… 부드러운 달걀이 잔열에 굳을 수도 있으니 빨리 먹는 게 좋습니다. 달걀의 가운데를 가르면 안에서 반숙 노른자가 흘러나와 밥을 덮습니다. 먹는 사람을 행복하게 해주는 맛이에요.
이곳의 오므라이스는 그동안 케첩 베이스의 볶음밥이었는데, 최근에 버터, 간장 베이스의 볶음밥으로 바뀌었다고 해요.

TIP 이 가게를 찾아갈 때에는 주의할 점이 있습니다. 이곳의 요리사님이 몸이 안 좋아서 문을 닫는 날이 있어요. 그리고 문을 열었다고 해도 영업 시간이 단축되기도 합니다. 부담 없이 영업하는 곳이어서 가끔 일부 메뉴는 안 될 때도 있다고 하네요. 저도 갔다가 문이 닫혀서 그냥 돌아온 적이 몇 번 있습니다. 영업 여부는 미리 'X(구 Twitter)'를 확인하면 알 수 있을 거예요(@Franky&Trinity).

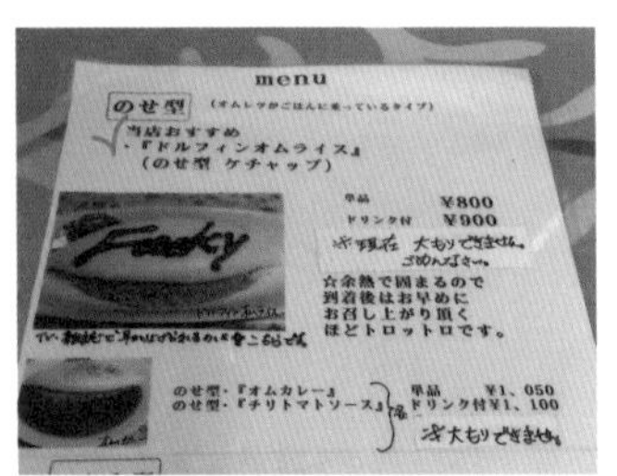

ORDER 저의 추천 메뉴는

돌핀 오므라이스(ドルフィンオムライス): ¥800

유형 오므라이스 전문점 **상호** FRANKY & TRINITY **구글맵검색** FRANKY & TRINITY **가격대** ~¥1,000(현금 사용) **웨이팅** ⊖⊖⊖ **영업시간** 화~금요일 런치 12:00~13:30(L.O.13:10) ※디너 비정기 오픈, X(@Franky & Trinity)로 당일까지 공지 **휴무** 비정기(보통 일·월요일, 일본 공휴일 휴무. 다만 평일에 쉴 때도 있음) **위치** 나카노사카우에(中野坂上), 도쿄메트로 마루노우치선 나카노사카우에역 A1출구 도보 2분 **주소** Nakano-ku Chuo 1-33-7 Yamada Building B1F

TOKYO GOURMET TOUR / DISHES / 09

쇼유오므라이스 먹으러 메구로 미츠보시 쇼쿠도에 갑니다 。

색다른 일본식 오므라이스를 맛볼 수 있는 '메구로 미츠보시 쇼쿠도(めぐろ三ッ星食堂)'

STORY '일본의 오므라이스' 하면 달걀이 입안에서 녹을 만큼 부드러운 오므라이스를 떠올리는 분이 많을 것 같아요. 그런 오므라이스를 좋아해서 일본으로 먹방 여행을 간다는 말을 인스타그램 팔로워들에게 들은 적이 있거든요. 그런데 사실 일본 오므라이스의 스타일은 가정마다 가게마다 다르고 종류도 다양하답니다. 이번에 소개해 드리는 오므라이스도 약간 색다릅니다. 바로 '메구로 미츠보시 쇼쿠도'의 '쇼유오므라이스お正油オムライス'예요.

간장 베이스의 볶음밥으로 만든
'쇼유오므라이스 S(¥1,250)'

MENU 쇼유正油는 일본 간장인데요. 오므라이스의 밥을 일본 간장으로 볶은 것이면 '쇼유오므라이스'라고 합니다. 쇼유는 일본의 소스 중 기본 중의 기본이라고 할 수 있기에 일본인들은 당연히 쇼유 베이스의 오므라이스도 좋아한답니다.

이곳의 오므라이스에는 케첩 말고도 쇼유와 잘 어울리는 마요네즈, 그리고 일본 고춧가루도 살짝 뿌려져 있습니다. 일본인들은 이 오므라이스를 좀 매콤해서 좋다고 하는데 한국인에게는 전혀 맵지 않을 수도 있어요. 모양새는 오므라이스 같은데 맛은 여러분이 알고 있던 케첩 베이스의 오므라이스 맛과는 완전히 다를지도 몰라요. 색다른 오므라이스인데 먹어볼 만해요! 이곳은 카레가 맛있는 경양식 맛집으로도 유명하니까 혹시 카레를 좋아한다면 '오므에비카레オムエビカレー(오므라이스 새우카레)'도 추천해요.*

ORDER 저의 추천 메뉴는

쇼유오므라이스
(お正油オムライス, 오쇼유오므라이스)
☞ 런치 메뉴
S(女もり, 온나모리): ¥1,250
M(男もり, 오토코모리): ¥1,350
L(大もり, 오오모리): ¥1,500
☞ 디너 메뉴 ¥1,600

오므라이스 새우카레
(オムエビカレー, 오므에비카레)
☞ 런치 메뉴
S(女もり, 온나모리): ¥1,300
M(男もり, 오토코모리): ¥1,400
L(大もり, 오오모리): ¥1,550
☞ 디너 메뉴 ¥1,500

쇼유오무라이스는 수·목·토요일 런치 타임과 디너 타임에 먹을 수 있습니다. 항상 웨이팅도 긴 데다 주문해서부터 요리가 나올 때까지도 오래 기다려야 해요. 정성을 담아서 조리하다 보니 그런 것 같아요.

유형 양식집, 오므라이스 맛집 **상호** 메구로 미츠보시 쇼쿠도(めぐろ三ッ星食堂) **구글 맵검색** mitsuboshi meguro **가격대** 런치 ¥1,000~, 디너 ¥2,000~(현금 사용) **웨이팅** ⊖⊖⊖⊖ **영업시간** 수·토요일 11:30~14:30(L.O. 14:00) / 화·목·금요일 런치 11:30~14:30(L.O. 14:00) 디너 18:00~21:30(L.O. 21:00) ※재료 소진 시 조기 마감 **휴무** 일·월요일, 일본 공휴일 **위치** 메구로(目黒). JR야마노테선/도큐 메구로선 메구로역 도보 6분 **주소** Shinagawa-ku Kamiosaki 3-4-6

Chapter. 8

CURRY

카레

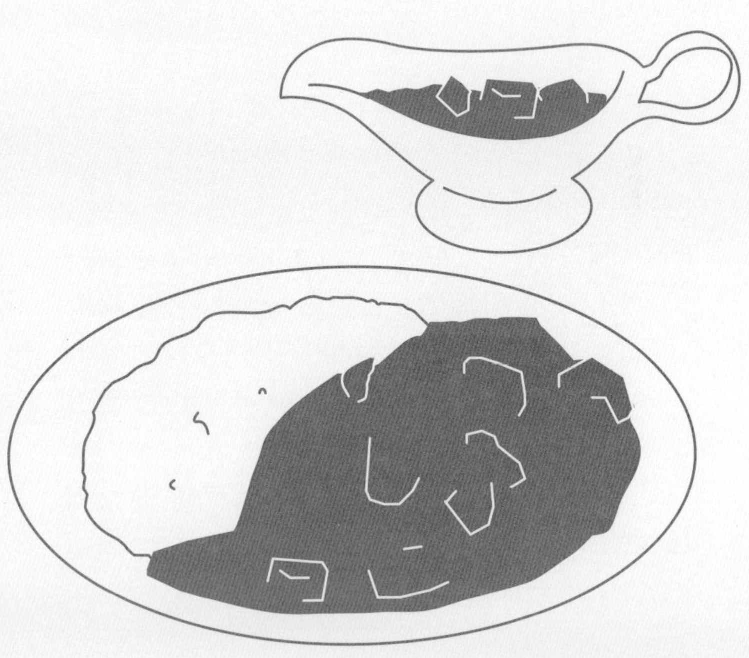

일본에서 카레는 '국민식国民食'이라고 불립니다. 한국인들은 '왜 카레가 일본 국민식? 일식이 아니잖아' 싶을 수도 있지만, 일본에서 소비량이 많은 음식이라서 그래요. 사흘 연속 카레를 먹어도 불만이 없다는 일본인도 있는데 저 역시도 그렇습니다. 저는 가장 좋아하는 음식이 뭐냐는 질문을 받으면 좋아하는 음식이 많아서 대답하기 너무 어려운데, 가장 많이 먹는 음식이 뭐냐는 질문에는 카레라고 즉답합니다. 그만큼 일본인들의 사랑을 받는 메뉴이자 일본에는 가볼 만한 카레 맛집이 많습니다.

카레는 일본 아이들에게도 인기가 많아요. 급식을 먹는 일본의 초등학교 아이들은 '카레의 날'을 기대하며 기다립니다. 저도 어렸을 때 친구랑 누가 카레를 더 많이 먹나 겨루었던 적이 있습니다. 어렸을 때 맛있게 먹은 음식은 어른이 되어도 변함없이 좋아하죠. 그래서 일본에는 카레집을 창업하는 사람이 많은 것이 아닐까 싶기도 해요.

앞서 일본인은 돈부리를 비벼 먹지 않는다는 얘기를 했었는데요. 카레 역시 잘 비벼 먹지 않아요. 순전히 제 추측이지만 도쿄 현지인 중 카레를 비벼 먹는 사람은 10% 이하가 아닐까 싶습니다. 초등학교 급식 시간에 카레를 비벼 먹는 친구들의 수가 딱 그 정도였어요. 한 설문조사에 따르면 카레를 비벼 먹지 않는 가장 큰 이유는 '예쁘지 않으니까'였어요. 그리고 '카레 본래의 맛이 바뀌어서'라고 생각하는 사람도 있습니다. 비비면 밥의 수분이 카레에 섞여 계산된 카레의 맛이 바뀐다고 생각해서겠죠.

한국인에게는 잘 비벼진 비빔밥처럼 맛이 고른 것이 익숙한데, 일본인은 맛이 진한 부분과 그냥 흰밥을 따로 먹어도 좋다고 생각해요. 카레를 먹는 방법에서도 한일 음식 문화의 차이를 느낄 수 있네요.

이제는 한국 마트에서도 일본식 '카레 루'를 살 수 있고 일본식 카레집도 많이 생겨서 일본 카레를 좋아하는 분이 많아진 듯해요. 그래도 아직 한국에서 먹을 수 있는 일본식 카레는 일부에 불과하달까요. 그래서 이 장에서는 비교적 한국인에게 많이 알려지지 않은 카레를 맛볼 수 있는 카레 맛집을 소개해 드리려고 합니다.

일반적으로 맵거나 향신료가 많이 들어간 음식이 적은 일본에서 카레는 많은 일본인이 '매운 요리'로 받아들이지만 일본인 기준의 맵기가 한국인들이 생각하는 것보다 별로 안 매운 경우가 많죠. 그래서 카레를 먹을 때는 매운맛을 기대하지 않고, 다양한 향신료를 즐긴다는 마음으로 드셔보시는 건 어떨까요? 맵기 단계를 조정할 수 있는 가게도 있지만, 아무리 매운맛을 좋아해도 처음부터 최고 단계로 주문하지는 마세요. 카레의 맛, 향신료의 조합을 맛보기에는 중간 단계 정도가 딱 좋으니까요!

유럽풍 카레 먹으러 Bondy에 갑니다。

진보초의 유럽식
카레 원조 맛집 'Bondy'

STORY 일본 최대의 헌책방 거리인 진보초神保町. 예부터 책을 좋아하는 사람들이 모이는 이 동네는 카레 맛집이 많은 곳으로도 알려져 있어요. 1920년대부터 영업한 노포를 비롯해 400곳가량이 자리하고 있고 지금도 새로운 카레집이 생기고 있답니다. 진보초에 카레집이 많이 생겨난 이유가 독서가들이 책을 읽으면서 한 손으로 편하게 먹을 수 있어서라고 하던데요. 정말 그랬는지는 잘 모르겠지만 이제 진보초가 있는 간다 지역은 카레 맛집 격전지가 되어 해마다 '카레 그랑프리(인기 카레 맛집 투표 대회)'가 열리고 있습니다.

심플해 보이지만 커다란 소고기가
숨어 있는 '비프카레(¥1,600)'

진보초에는 소개할 만한 카레 맛집이 너무 많은데 저는 유럽식 카레를 먹을 수 있는 'Bondy(본디)'가 가장 마음에 들어요. 일본에서는 유럽식 카레가 대중적인 카레예요. 일본인이 좋아하는 카레 중 하나죠. 이것은 실제 유럽에 있는 카레라고 하기보다는 프랑스 요리 기술을 참고하여 일본에서 개발한 카레인 것 같아요. 콩소메Consomme, 부용Bouillon, 버터, 레드와인 등을 넣어 만든 약간 데미그라스소스처럼 느껴지기도 하는 이 유럽식 카레의 원조가 바로 이곳 Bondy랍니다.

MENU 갈거나 으깬 과일들이 들어간 Bondy의 카레는 아주 편하게 먹을 수 있습니다. 향신료가 강하지 않고 부드러우면서도 맛이 깊은 카레라고 할까요. 이곳의 최고 인기 메뉴는 '비프카레ビーフカレー'입니다. 소고기 덩어리가 많이 들어 있는 만족스러운 일품이에요. 가격은 1,600엔. 카레치고는 싸지 않지만 그만한 가치를 하는 음식입니다.

참고로 여기는 모든 카레 메뉴에 찐 감자와 버터가 나옵니다. 이 동네가 옛날부터 학생 거리였기 때문에 젊은 손님들이 많았다고 하는데요. 젊은 손님들이 배부르게 먹을 수 있게 요리를 주고 싶어서 감자와 버터도 제공하게 되었다고 해요. 감자와 버터를 먹는 방법은 정해져 있지 않은데요. 감자에 버터를 발라서 먹는 사람들이 많은 것 같아요. 일본에는 '자가버터じゃがバター'라고 해서 이런 감자와 버터를 노점에서 팔기도 합니다.

LOCATION 카레 맛집 격전지인 진보초에서도 손꼽히는 Bondy는 진보초역 A6출구 칸다헌책센터神田古書センター 2층에 있어요. 1층 뒷문 쪽으로 들어가면 Bondy의 간판이 보일 거예요.
Bondy는 진보초 본점 이외에 시바우라, 간다오가와쵸, 오오테마치에도 분점이 있습니다. 구글맵에서 'bondy + shibaura / kanda ogawacho / otemachi'로 검색하고 가세요. 또, 진보초 본점 1층에는 진보神房라는 스테이크집이 있습니다. Bondy에서 운영하는 가게로, 런치 타임에는 Bondy의 카레를 먹을 수 있습니다. 혹시 런치 타임에 본점 대기 줄이 길다면 1층 진보를 이용해도 좋을 듯해요.

진보초 본점 1층 '진보(神房)'.
런치 타임에 Bondy 카레를 팔아요.

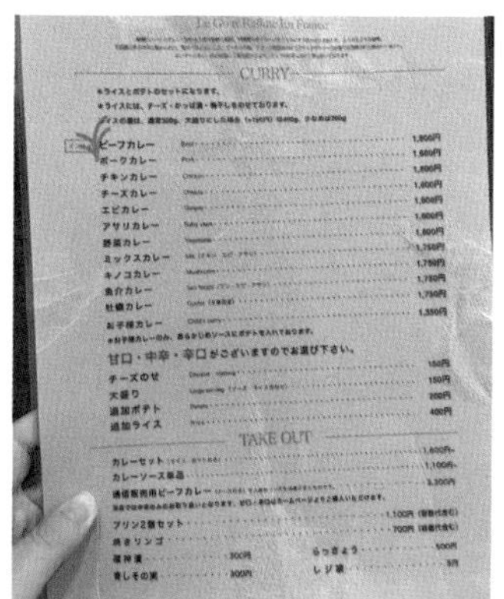

ORDER 저의 추천 메뉴는

비프카레(ビーフカレー, 비후카레): ¥1,600
포크카레(ポークカレー): ¥1,600

유형 유럽풍 카레 맛집 **상호** Bondy(欧風カレー ボンディ) **구글맵검색** bondy jinbocho **가격대** ¥1,000~2,000(현금 사용) **웨이팅** ⊖⊖⊖⊖⊖ **영업시간** 평일 11:00~21:30(L.O. 21:00), 토·일요일 일본 공휴일 10:00~22:00(L.O. 21:30) **휴무** 연말연시 **위치** 진보초(神保町), 도쿄메트로 한조몬선/도에이 지하철 오에도선·미타선 진보초역 A6출구 도보 1분 **주소** Chiyoda-ku Kanda Jimbocho 2-3 2F

유럽풍 카레 먹으러 토마토에 갑니다 。

현지 카레 팬들이 인정하는
카레 노포 '토마토(トマト)'.
레전드 셰프가 정성을 담아
만들어 줍니다.

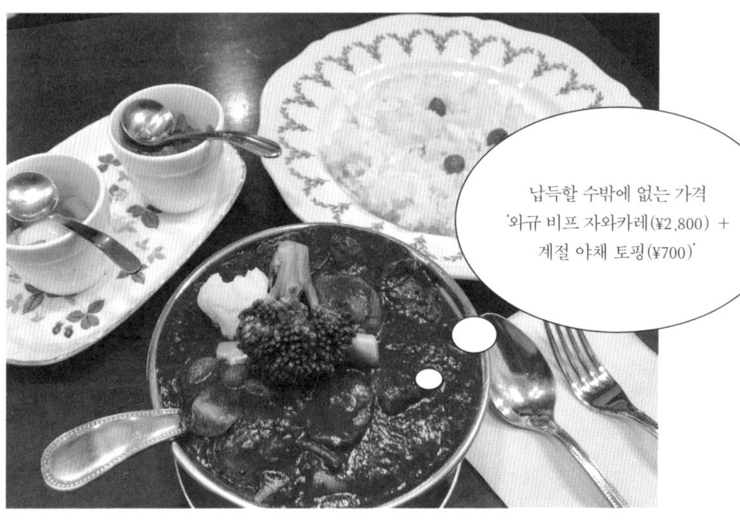

납득할 수밖에 없는 가격
'와규 비프 자와카레(¥2,800) +
계절 야채 토핑(¥700)'

STORY 카레를 사랑하는 도쿄 현지인 중에는 최고의 카레 맛집으로 '토마토'를 꼽는 사람이 많을 거예요.

토마토는 도쿄 오기쿠보에서 1982년에 창업, 40여 년의 역사를 가진 유럽풍 카레집입니다. 가게를 창업한 오미노 셰프는 "저는 50년 넘게 카레집을 영업하는 게 꿈이에요. 셰프는 건강을 잘 지켜야 오래 할 수 있는 직업이죠. 제가 만든 요리를 하루에 몇 번이나 맛을 보는데, 혹시 그 요리가 몸에 안 좋은 것이라면 오래 일할 수가 없으니까요. 그래서 저는 손님에게 몸에 좋은 요리를 대접하려 합니다"라고 말씀하십니다. 오미노 셰프는 일흔이 넘으셨는데 여전히 건강하게 일하십니다.

MENU 가게 전체 이름은 '유럽풍 카레&스튜 전문점 토마토'입니다. 오미노 셰프가 양식집에서 수행한 경험이 있으셔서 이곳의 카레 스타일도 유럽풍이에요. 앞서 'Bondy(284쪽 참조)'에서 설명했듯, 유럽풍 카레는 일본에서 주요 장르라 흔히 볼 수 있습니다.

토마토의 카레는 36종의 향신료와 야채, 퐁드보Fond de Veau(프랑스 요리의 기본이 되는 육수) 등을 140시간이나 푹 끓여 만들어요. 제가 주문한 메뉴는 '와규 비프 자와카레和牛ビーフジャワカレー' + '계절 야채 토핑季節の野菜トッピング' 입니다. 저는 가을에 방문했는데 계절 야채 토핑에 샤인머스켓이 들어 있었어요. 매콤한 카레와 달콤한 샤인머스켓이 절묘하게 잘 어울리더라고요.

토핑을 추가한 카레가 3,000엔이 넘는다고!? 놀랄 수도 있지만요. 토마토의 카레는 정말로 좋은 재료(고기, 야채, 향신료)를 사용하기 때문에 비쌀 수밖에 없고 이익은 그렇게 남지 않는다고 해요. 토마토에서 일을 배우고 싶다는 셰프들이 많지만, 토마토처럼 장사를 해서는 돈을 벌 수 없기 때문에 다 거절해 왔다고 하시더라고요. 그래서 창업 당시부터 부부 둘이서만 영업을 해오셨어요. 이곳의 손님들은 그런 사정을 다 이해하고 있는데요. 비싸지만 맛있고 몸에도 좋으니 오랫동안 손님들이 끊이지 않는 것이죠.

TOP 런치 타임은 11:30~13:30, 디너 타임은 18:30~20:30. 런치도 디너도 2시간 전쯤부터 대기 줄이 생깁니다. 주말 런치 타임에 가장 손님이 많고, 일본 공휴일이나 일요일의 디너 타임은 비교적 손님이 적어요. 저의 경우 방문할 때는 오픈 1시간 30분~2시간 전까지 갑니다.
이곳은 하루의 판매량이 많지 않고, 디너 타임은 10인분만 팔고 매진되는 경우도 있습니다. 혹시 방문 시간이 늦어지면 매진될 수도 있으니, 되도록 오픈 시간 전에 도착하는 걸 추천합니다.

ORDER 저의 추천 메뉴는

와규 비프 자와카레(和牛ビーフジャワカレー): ¥2,800
계절 야채 토핑(季節の野菜トッピング, 키세츠노 야사이 토핑): ¥700

유형 유럽풍 카레 맛집 **상호** 토마토(欧風カレー&シチュー専門店 トマト) **구글맵검색** european curry tomato **가격대** ¥3,000~(현금 사용) **웨이팅** ⊖⊖⊖⊖⊖ **영업시간** 런치 11:30~13:30, 디너 18:30~20:30 ※재료 소진 시 조기 마감 **휴무** 수·목요일 **위치** 오기쿠보(荻窪), JR오기쿠보역 남쪽 출구 도보 5분 **주소** Suginami-ku Ogikubo 5-20-7

키마카레 먹으러 도쿄 봄베이에 갑니다。

중독성 강한 매운 키마카레가
인기! 서서 먹는 카레 맛집
'도쿄 봄베이(東京ボンベイ)'

수량 한정 메뉴인 '아카키마(¥1,000)'에
매운맛을 중화해줄
'삶은 달걀 토핑(¥100)' 추가!

STORY '키마카레キーマカレー'란 다진 고기로 만든 카레입니다. 카레소스 자체에 수분이 적어서 '드라이카레ドライカレー'라고 부르기도 해요. 다진 고기와 어우러진 향신료의 풍미가 입맛을 돋워요. 일본 카레 맛집에 흔히 있고, 레토르트 카레 중에서도 맛있는 키마카레가 많습니다. 개인적으로 특히 좋아하는 카레 종류이지만, 제 주변에는 키마카레를 먹어본 적 없는 한국인 친구가 많더라고요. 한국에서는 아직 보기 좀 힘든 카레인 것 같네요. 키마카레의 매력을 알아줬으면 하는 마음으로, 이번엔 키마카레가 맛있는 맛집으로 '도쿄 봄베이 에비스 본점'을 소개합니다.

MENU 제가 추천하는 메뉴는 '아카키마赤キーマ'라고 불리는 매운 키마카레입니다. 우선 자판기에서 '키마카레キーマカレー(¥1,000)'라고 적혀 있는 식권을 구매하세요. 키마카레는 몇 가지 종류가 있고, 키마카레 식권을 직원에게 건네줄 때 "아카"라고 말하면 됩니다. 이곳의 키마카레는 아무 말도 안 하면 매운맛 단계가 보통으로 나옵니다. 아카키마는 원래 메뉴판에 없고 일부 단골 손님만 주문하는 메뉴였다고 해요. 그런데 입소문이 나면서 이제는 봄베이의 인기 메뉴가 되었습니다. 다만, 아카키마는 수량 한정 메뉴라서 먹고 싶으면 되도록 일찍 가는 걸 추천합니다.

아카키마는 원래 다른 봄베이 점포(1호점)에서 '카슈미르 카레'라는 매운 카레로 판매되어 왔어요. 40여 년간 인기를 끌어온 그 카레를 봄베이에서 매운맛은 유지하되 키마카레 형식으로 드라이하게 변형해서 아카키마라는 메뉴로 만들게 된 것입니다. 카레소스에 캐슈넛이 들어 있는데 잘 어울릴 뿐만 아니라 심지어 중독성이 강한 맛입니다.

참고로 '아카赤'는 빨간색이라는 뜻이지만, 카레 색깔은 검은색에 가까워요. 빨간색은 매운맛의 상징이라서 실제 까맣게 보이지만 그런 이름을 붙인 것 같아요. 일본인 입맛에는 너무 매워서 못 먹는 사람도 있어요. 혹시 매운 걸 좋아하는 분은 도전해 보세요. 삶은 달걀たまご, 치즈チーズ, 버터バター 등을 토핑하면 매운맛이 덜 느껴져서 먹기 편할 거예요.

비슷한 메뉴로 '아이비키 키마카레あいびきキーマカレー'라는 소고기와 돼지고기를 넣은 키마카레도 있습니다. 아이비키 키마카레도 맵게 먹으려면 '아카'로 주문 가능하지만, 개인적으로는 돼지고기만 들어간 키마카레를 추천해요.

피클은 무료이지만, 혹시 피클을 먹고 싶으면 직원에게 "피클스 쿠다사이ピクルスください"라고 말해야 해요. 피클은 일본어로는 피클'스'입니다. 피클은 리필도 가능합니다.

TIP '도쿄 봄베이 에비스 본점'은 서서 먹는 카레집입니다. 가게 내부가 좁고 카운터석 다섯 개밖에 없어요. 혹시 익숙하지 않은 분은 불편할 수도 있겠네요. 일본인들은 먹고 바로 나가는 게 익숙해서 이런 집도 잘 이용해요.

LOCATION '도쿄 봄베이 에비스 본점'은 JR에비스역 동쪽 출구에서 무빙워크를 이용해 도보로 5분 정도 걸립니다.

ORDER 저의 추천 메뉴는
매운 다진 고기 카레(キーマカレー 赤, 키마카레 아카): ¥1,000
삶은 달걀 토핑(たまご, 타마고): ¥100

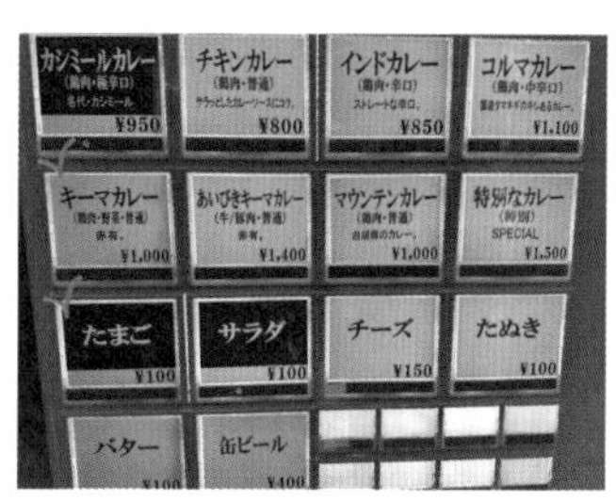

유형 인도카레 맛집 **상호** 도쿄 봄베이 에비스 본점(東京ボンベイ 恵比寿本店) **구글 맵검색** bombay ebisu **가격대** ¥1,000~ **웨이팅** ⊖⊖⊖ **영업시간** 월~토요일 11:00~21:00, 일요일·일본 공휴일 11:00~18:00 **휴무** 비정기, 연말연시 **위치** 에비스(恵比寿), JR야마노테선 에비스역 동쪽 출구 무빙워크를 이용해 도보 5분 **주소** Shibuya-ku Ebisuminami 1-23-1

유일무이한 카레 먹으러 요고로에 갑니다 。

카레 격전지 진구마에에서 먹는
독창적인 카레 맛집
'요고로(ヨゴロウ)'

강력 추천하는
'치킨카레 시금치 맛(¥1,200)'

STORY 도쿄 패션의 성지 하라주쿠에서 메이지 진구가이엔(야구장을 비롯한 스포츠 경기장, 공원 등이 모여 있는 곳) 방면으로 가는 중간에 '진구마에'라는 한적한 동네가 있어요. 이곳은 카레 맛집이 모여 있는 카레 격전지이기도 합니다. 2009년에 오픈한 '요고로'는, 격전지 진구마에에서 가장 인기 있는 카레 맛집입니다. 요고로 점장님은 이 동네에서 패션 잡지 작가로 일하셨는데, 언젠가 음식점을 하고 싶다고 생각하셨다네요. 어느 날 동네에 좋은 가게 자리가 나오자, 그냥 바로 계약해 버렸대요. 그러고는 카레 관련 책을 열심히 읽고, 요고로의 카레를 개발하셨어요. 메뉴를 카레로 정한 이유는 '응용이 자유로울 것 같아서'. 보통 개업 전에 인기 맛집에서 수행하거나 잘나가는 맛집을 벤치마킹을 하는 사람이 많은데 그런 건 전혀 하지 않았대요. 그래서 이곳의 카레는 '유일무이한 카레'라고 불릴 만큼 독창적인 것 같아요.

MENU 이곳의 카레 메뉴는 치킨, 포크, 치즈 & 에그, 키마(다진 고기)로 나눠져 있어요. 키마 이외에는 베이스 맛을 시금치나 토마토 중에서 직접 고를 수 있습니다. 저의 추천 메뉴는 '치킨카레 시금치 맛'과 '포크카레 토마토 맛'이에요.

치킨은 카레와 같이 끓이지 않고 따로 굽기 때문에 껍질이 바삭하고, 흘러나오는 육즙이 카레와 섞여 더욱 맛있어집니다. 시금치 베이스 맛은 진한 녹색 카레소스라서 카레같이 안 보여요. 입에 넣은 순간은 마일드한데 뒷맛에 복잡한 향신료 풍미가 느껴질 거예요. 자극적인 맛이 아닌데 왜 이렇게 맛있을까요!

포크카레에는 '카쿠니角煮(일본식 삼겹살 조림)'와 무가 들어 있어요. 덩어리 고기만큼 크게 잘린 돼지고기는 푹 끓여서 부드러워요. 아주 맵지 않고 각종 향신료와 토마토의 산미, 깊은 감칠맛이 절묘하게 어우러져 맛있습니다. 개인적으로 요고로의 포크카레는 카레 팬이라면 꼭 먹어야 하는 메뉴라고 생각하지만, 하루에 선착 5인분만 제공하는 메뉴라서 먹으려면 넉넉히 일찍 가셔야 합니다. 이곳의 카레는 카레를 초월한 특별한 요리라 할 수 있고, 기다려서 먹을 만한 맛이에요.

TIP 요고로는 인기 높은 맛집이라서 웨이팅이 긴 편이에요. 오픈 시간이 오전 11시 30분인데 항상 11시 전부터 긴 대기 줄이 생깁니다. 혹시 11시 30분 이후에 도착하면 대기 줄 40~50명, 한두 시간 기다리게 될 수도 있어요. 그래서 11시쯤까지 도착하는 걸 추천합니다.

선착 5인분 한정 메뉴인
'포크카레 토마토 맛(¥1,500)'

포크카레는 하루에 선착 5인분만 제공하기 때문에, 꼭 먹고 싶으면 더 일찍 가셔야 합니다. 서는 경험상 10시 30분까지 도착해서 먹을 수 있는 경우가 많았어요.

LOCATION 가게는 JR하라주쿠역 다케시타 출구에서 도보로 약 12분 거리에 있습니다. 하라주쿠에서 가게가 있는 진구마에로 가는 길에는 멋진 옷가게, 잡화점 등이 많이 있어서 구경할 겸 걸어가는 재미가 있답니다.

도에이 지하철 고쿠리쓰쿄기조역 A2출구에서도 갈 수 있는데, 도보로 약 10분 걸립니다. 역 주변은 재개발 중이고, 도쿄올림픽을 계기로 리뉴얼한 고쿠리쓰쿄기조(국립경기장), '도시의 오아시스'인 메이지 진구가이엔(신궁 외원)을 구경했다가 가게로 가셔도 좋을 것 같아요. 하지만 역에서 가게까지는 거리가 있는 편이니 시간 여유를 가지고 방문하세요.

ORDER 저의 추천 메뉴는

포크카레 토마토 맛(ポークトマト, 포크카레 토마토): ¥1,500 ※선착 5인분 한정 메뉴
치킨카레 시금치 맛(チキン ホウレン草, 치킨카레 호렌소): ¥1,200

유형 카레 맛집 **상호** 요고로(ヨゴロウ) **구글맵검색** yogoro **가격대** ¥1,000~2,000(현금 사용) **웨이팅** ⊖⊖⊖⊖⊖ **영업시간** 평일 런치 11:30~16:30(L.O. 15:50), 디너 18:00~20:00(L.O. 19:45) / 토요일 11:30~16:30(L.O. 15:50) ※재료 소진 시 조기 마감 **휴무** 일요일, 일본 공휴일 **위치** 진구마에(神宮前). JR하라주쿠역 다케시타(竹下) 출구 도보 12분, 도에이 지하철 고쿠리쓰쿄기조역 A2출구 도보 10분 **주소** Shibuya-ku Jingumae 2-20-10

치킨 마살라 먹으러 간지이에 갑니다。

룰만 지키면 최고의 카레와
치킨 마살라를 먹을 수 있는
'간지이(ガン爺)'
カレーの店
ガン爺

STORY 한국에는 동네마다 중국집이 있듯, 일본에는 동네마다 인도카레집이 있어요. 보통 일본의 인도카레집은 인도인이 직접 운영하는데, 일본인이 운영하는 경우도 있습니다. 일본인이 사장님인 인도카레집은 아무래도 일본인 취향에 맞게 맛을 개발하는 곳이 많죠.

예전에 신바시에 일본인이 운영하는 레전드 인도카레 맛집 '타지마할'이 있었는데요, 아쉽게도 문을 닫았어요. 그런데 2018년, 신바시 서쪽 동네인 도라노몬으로 이전해 '간지이ガン爺'라는 상호로 새롭게 오픈했습니다. 간지이는 인도의 위인, 마하트마 간디를 연상시키는데요, '완고한 할아버지'를 의미하는 일본어 '간코나 지이상頑固な爺さん'의 줄임말이에요. '간코頑固'는 '고집스럽다'는 뜻이지만, 좋게 보면 의지가 강하고 자기만의 철학이 있는 장인정신을 의미하기도 해요. 이곳 간지이는 두 쌍의 일본인 장인 부부가 운영하며(할아버지들은 아닙니다), 맛은 도쿄 최고 수준입니다. 가게에는 독특한 룰이 있는데, 미리 알고 지키면 되기 때문에 걱정 안 하셔도 돼요.

MENU 이곳의 카레는 향신료가 강한 편이고 중독성 있는 맛입니다. 런치 한정 메뉴인 '런치ランチ普通'는, 카레와 치킨 마살라チキンマサラ가 한 세트로 나옵니다. 카레 맛은 3종의 인도카레 '케랄라 치킨, 치킨 핫산, 치킨 무굴' 카레 중 매월 바꿔가며 선보입니다. 치킨 마살라는 오븐에서 구운 치킨을 카레 향신료에 끓인 것인데, 저는 개인적으로 카레보다 이곳의 치킨 마살라를 더 좋아합니다. '런치 세트' 이외의 카레 메뉴를 주문할 경우 치킨 마살라는 따로 주문해야 해요. 치킨 마살라 단품 가격은 500엔. 아무래도 런치 세트를 주문하면 치킨 마살라까지 저렴하게 먹을 수 있어서 좋은 것 같습니다.

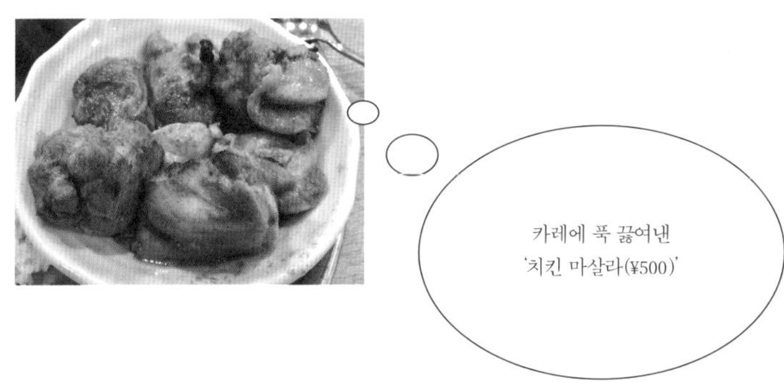

카레에 푹 끓여낸
'치킨 마살라(¥500)'

카레의 매운맛 단계는 '甘(덜 맵게), 中(중간 단계), 辛(맵게)' 세 단계로 나뉘어 있어요. 일본인 기준으로 이곳의 카레는 매운 편이라서 '甘(덜 맵게)'이 적당하다고 하는 사람이 있는데요. 한국인들은 '中(중간 단계)' 이상을 주문해도 맛있게 드실 수 있지 않을까 합니다. 디너는 영업하지 않고 11시에 시작하는 런치 타임만 운영합니다(재료 소진 시 마감).

TIP 앞서 말했듯, 이 가게만의 룰이 있으니 미리 정독하고 방문하세요.

- 자판기에서 식권을 구매한 후, 자판기 옆에 있는 빨간 펜으로 식권의 '甘 中 辛' 중에서 원하시는 단계에 ○ 표시로 체크해 주세요.*
- 밥(ライス)과 카레(カレー)의 양을 각각 대(大) 또는 소(小)로 조절할 수 있지만, 처음 방문하는 손님은 카레 '카레 大'를 주문할 수 없습니다. 간지이의 직원은 손님의 얼굴을 잘 기억하고, 혹시 처음 오신 손님이 카레 大 식권을 구매하신 경우, "손님, 처음으로 저희 가게에 오신 거죠? 저희 가게 카레는 양이 굉장히 많아요. 우선 보통으로 드셔보시고 더 많이 먹고 싶으면, 다음에 또 오셔서 大를 주문하세요"라고 주의(?)를 받게 될 수도 있어요. 혹시 보통 양도 먹을 수 없을 것 같으면 밥을 적게 주는 '밥 小(30엔 할인)'을 고르시면 됩니다.
- 자리는 카운터석과 테이블석이 있는데, 혹시 테이블석에 앉게 되면 카레가 나올 때 주방(카운터석 앞)까지 가서 직접 받아야 합니다. 이곳은 직원이 테이블석까지 음식을 갖다 주지 않습니다.

- 물, 물수건, 스푼, 포크는 셀프서비스입니다. 탁상에 있는 빨간색의 액체 조미료는 샐러드에 뿌리는 드레싱입니다(맵지 않아요).
- 먹은 후 그릇은 입구 옆에 있는 '반납하는 곳(返却口)'에 스스로 반납해 주세요. 반납하는 곳에서 식기류를 잘 구분하고, 쓰레기는 밑에 있는 쓰레기통으로 버려주세요.

※많은 손님이 신속하게 식사할 수 있도록 손님들에게 이런 룰을 지켜달라고 부탁하는 것 같습니다. 두 쌍의 부부끼리만 운영하기 때문에 단골손님(간지이 팬)들은 솔선하여 직원분들을 돕는 것 같아요. 혹시 방문하실 때 양해해 주시기 바랍니다.

ORDER 저의 추천 메뉴는

런치 세트(ランチ普通) [매월 바뀌는 카레+치킨 마살라, 카레 양 보통]: ¥1,100

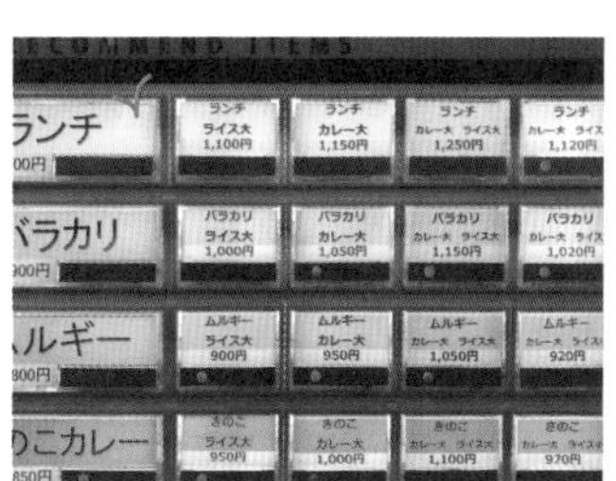

유형 인도카레 맛집 **상호** 간지이(ガン爺) **구글맵검색** ganjii **가격대** ¥1,000~(현금 사용) **웨이팅** ㊀㊀㊀㊀ **영업시간** 11:00~ ※재료 소진 시 조기 미감(보통 13:00 쯤) **휴무** 토·일요일, 일본 공휴일 **위치** 도라노몬(虎ノ門). 도쿄메트로 긴자선 도라노몬역 4번출구 도보 7분, JR신바시역 서쪽 출구 도보 10분 **주소** Minato-ku Nishishinbashi 2-13-1 2F

비리야니 먹으러 ERICK SOUTH에 갑니다。

네모가 자주 다니던 단골 남인도 카레 맛집, 'ERICK SOUTH'

STORY 일본에서는 카레 장르가 다양화되고 세분화되고 있어요. 한마디로 '인도카레'라고 해도, 북인도식과 남인도식으로 나눠져 있기도 하고, 최근 몇 년은 특히 남인도 카레 맛집이 트렌드이기도 해요. 도쿄역 야에스 지하상가八重洲地下街에 위치한 남인도 카레 맛집 'ERICK SOUTH(에릭 사우스)'. 이곳은 일식집을 운영하는 일본 회사에서 차린 남인도 카레집이지만, 야에스점은 인도인들도 많이 찾아오는 만큼 맛있고 인기가 높아요. 카레 마니아인 제가 지금까지 가장 많이 다닌 카레집이기도 하거든요.

단골이 될 수밖에 없는 카레
'치킨 비리야니 플래터 M(¥1,210)'

MENU '런치 커리 플래터Lunch Curry Platter'는 좋아하는 카레를 몇 가지 골라 담은 메뉴입니다. 치킨, 키마(다진 고기), 버터치킨, 야채, 콩, 마톤(양고기), 치킨빈달루(새콤한 닭고기 카레) 등에서 카레를 고를 수 있어요.

ERICK SOUTH는 카레도 맛있지만, '비리야니Biryani'도 먹을 만해요. 비리야니는 남인도식 쌀 요리예요. 볶음밥처럼 보이지만, 향신료에 잰 고기나 생선 등 각종 재료를 쌀과 함께 쪄냅니다. 남인도식 파에야라고 생각하면 될 것 같아요. '치킨 비리야니 플래터Chicken Biryani Platter'는 수량 한정 런치 메뉴입니다. M 사이즈와 L 사이즈가 있습니다. 가게 오픈 시간은 오전 11시인데 12시쯤에는 비리야니가 매진되는 것 같아요. 일찍 방문해야 먹을 수 있는 메뉴입니다.

저는 이곳의 인도식 피클인 '아찰'이 너무 마음에 들었어요. 비리야니나 카레와 곁들여 먹으면 더욱 맛있습니다.

TIP ERICK SOUTH는 도쿄역 야에스점 이외에도 도쿄가든 테라스(기오이초)점, 도라노몬 힐즈점, 고엔지점, 진구마에점이 있습니다. 구글맵에서 erick south + tokyo garden terrace / toranomon / koenji / jingumae로 검색하고 찾아가 보세요. 저는 개인적으로 야에스점을 제일 좋아합니다. 야에스점에서 인도인 손님과 바쁜 도쿄 회사원들 사이에서 먹으면 묘한 분위기와 어우러지는 맛을 경험하는 것 같아요.

LOCATION 도쿄역 야에스 출구 주변은 도쿄 최대의 비즈니스가이고, 맛집도 많습니다. 야에스 지하상가(통칭 '야에치카ヤエチカ'라고 불림)에도 맛집이 많고, 일본 전국에 향토 음식이나 라멘 맛집들이 모여 있어요. ERICK SOUTH 야에스점은 지하상가 2번 거리에 위치하고 있어요. JR선을 타고 오시는 경우, 야에스 중앙 · 남쪽 · 북쪽 출구로 나가지 않고, 야에스 지하 중앙 개찰구에서 나가면 쉽게 찾아갈 수 있어요.

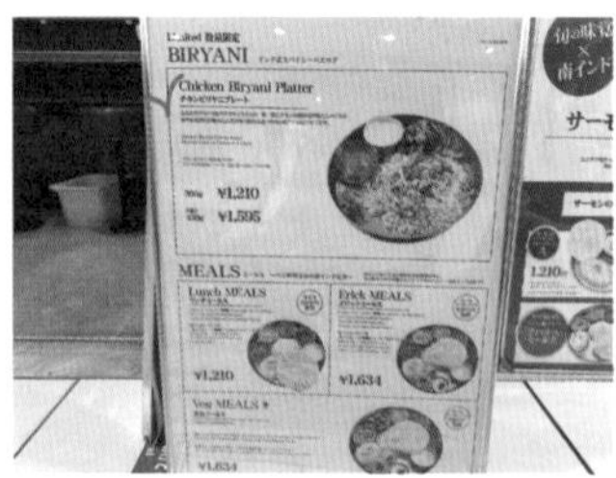

ORDER 저의 추천 메뉴는

☞ 런치 메뉴

치킨 비리야니 플래터 M(チキンビリヤニプレート Mサイズ, Chicken Biryani Platter M Size): ¥1,210

런치 커리 플래터 4종(選べるランチカレープレート 4種, Lunch Curry Platter 4Curryes): ¥1,367

유형 남인도 카레 맛집 **상호** ERICK SOUTH 야에스점(八重洲店) **구글맵검색** erick south yaesu **가격대** ¥1,000~ **웨이팅** ㊀㊀㊀ **영업시간** 평일 11:00~22:00(L.O. 21:30), 토·일요일, 일본 공휴일 11:00~21:30(L.O. 21:00) **휴무** 1월 1일 **위치** 도쿄역 야에스지하상가 2번 거리(東京駅八重洲地下街 2番通り). JR도쿄역 야에스 지하 중앙 개찰구 도보 4분 **주소** Chuo-ku Yaesu 2-1 Yaesu Underground Shopping Mall

카츠카레 먹으러 시마야에 갑니다 。

도쿄 바로 아래,
가와사키에서 만나는
최고의 카츠카레 맛집
'시마야(しまや)'

STORY 카레는 토핑을 추가할수록 더 맛있어지는 음식이죠. 일본에는 카츠카레, 함바그카레, 고로케카레, 낫토카레, 날달걀카레 등 토핑만 헤도 수많은 종류가 있어요. 이런 토핑 카레 중 카츠카레カツカレー가 가장 인기 있습니다. 일본에서는 카레도 돈카츠도 국민 음식인데, 둘을 합친 '카츠카레'는 당연히 인기가 높을 수밖에요.

카레와 돈카츠의 환상 궁합!
'국산 극상 로스카츠 & 삼겹살조림 카레(¥1,300)'

그런데 카레만 맛있는 집 혹은 돈카츠만 맛있는 집은 많지만 이 둘을 합친 카츠카레를 잘하는 집은 의외로 많지 않아요. 카츠카레는 카레와 돈카츠의 궁합이 좋아야 하고, 카레를 소스 삼아 돈카츠에 뿌려 먹으면 두 배 맛있어져야 하는 게 제가 생각하는 이상적인 카츠카레 맛이에요. 이번엔 제가 베스트 카츠카레라고 생각하는 '시마야'를 소개합니다. 이곳은 도쿄는 아니고, 가와사키(도쿄 바로 아래, 가나가와현에 위치하고 있어요)에서 낮에만 카츠카레를 파는 맛집이에요.

MENU 메뉴명은 '국산 극상 로스카츠 & 삼겹살조림 카레国産極上ロースカツ&豚バラ煮込カレー'인데요, 메뉴명이 길어서 주문할 때는 줄여서 '카츠카레'라고 말하면 돼요. 가격은 1,300엔. 이런 퀄리티의 카레를 이런 가격으로 먹을 수 있는 맛집은 거의 없을 거예요.

돈카츠에는 요코하마의 정육시장에서 구매한 육질이 좋은 돼지고기를 사용해요. 저온으로 천천히 튀겨내니 튀김옷은 하얗고, 고기 단면은 살짝 핑크색입니다(물론 드시는 데엔 문제 없어요). 돈카츠는 우선 테이블에 있는 소금을 뿌려서 한입 맛을 봐도 좋아요. 다소 지방이 많은 편이라 카레소스와 같이 먹어야 향신료와 고기 기름이 어우러지면서 맛있습니다. 토핑으로 나오는 돈카츠 말고도 카레 속에 고기가 또 들어 있는데요. 삼겹살 부위의 푹 익힌 돼지고기와 닭고기, 채소, 과일과 30종의 향신료를 넣고 푹 끓여 카레를 만듭니다. 입안에서 살살 녹는 부드러운 포크카레인 거죠.

'시마야 스페셜 카레しまやスペシャルカレー'라는 메뉴도 있어요.* 스페셜 카레는 삼겹살조림 카레에 다진 고기가 들어간 키마카레와 소시지 한 개가 얹어 나옵니다. 시마야 스페셜 카레에 돈카츠를 추가로 토핑할 수 있습니다(+500엔).

TIP 시마야는 원래 근처에 있는 '스낵スナック'을 빌려 영업했어요. 스낵이란 규모가 작은 바 스타일의 술집이에요. 일본에서는 임대료를 아끼기 위해 낮에 영업 안 하는 술집을 빌려서 낮에만 카레집으로 운영하는 경우가 있어요. 이렇게 시작한 시마야는 인기를 얻어 이제 제대로 된 단독 점포를 얻어 영업하게 되었습니다.

LOCATION 가게는 JR가와사키역 동쪽 출구에서 도보로 9분 거리에 있습니다. 가와사키는 도쿄 바로 아래에 있는 지역으로 멀지 않아요. JR시나가와역에서 도카이도선을 타고 한 정거장(9분), 게이힌토호쿠선을 타고 네 정거장(14분), 게이큐혼센 쾌특快特(급행열차)을 타고 두 정거장(13분) 이동하면 됩니다.

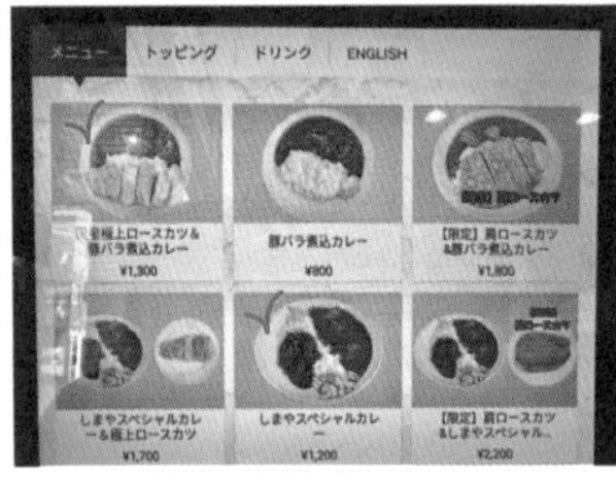

ORDER 저의 추천 메뉴는

국산 극상 로스카츠 & 삼겹살조림 카레(国産極上ロースカツ&豚バラ煮込カレー, 코쿠산 고쿠죠 로스카츠 & 부타바라 니코미 카레): ¥1,300
시마야 스페셜 카레(しまやスペシャルカレー): ¥1,200

유형 카레 맛집 **상호** 시마야(しまや) **구글맵검색** kawasaki simaya **가격대** ¥1,000~ **웨이팅** ⊖⊖⊖ **영업시간** 런치 11:00~15:00, 디너 17:30~20:00 ※월·화요일은 디너 영업 안 함 **휴무** 목요일 **위치** 가와사키(川崎), JR가와사키역 동쪽 출구 도보 9분 **주소** Kawasaki-ku Minamimachi 1-12

TOKYO GOURMET TOUR / CURRY / 08

함바그카레 먹으러 BOTERO에 갑니다 。

BOTERO
카레도 함바그도 좋아한다면
꼭 가봐야 할 로컬 양식집
'BOTERO'!

STORY 이곳 'BOTERO(보테로)'는 제가 학창 시절 자주 다니던 카레 맛집이에요. BOTERO의 함바그카레 팬이었던 대학교 선배가 저를 데려가곤 했어요. 제가 카레를 너무 좋아해서 이곳저곳 카레 맛집 순례를 하게 된 것도, 지금 생각해 보면 BOTERO의 카레에 푹 빠졌었던 것이 그 계기가 됐던 듯합니다. 그래서 저에게는 추억의 맛이고 카레 맛집 순례의 시작점이라고도 할 수 있어요. 그런데 직원분께 물어보니 그때부터 10여 년이 지난 지금도 레시피나 맛은 똑같답니다. 저는 아직도 그 맛이 종종 생각나서 근처에 갈 일이 생기면 들르곤 합니다.

MENU BOTERO에서 추천할 만한 메뉴는 역시 함바그카레입니다. 이곳은 양식집이어서 카레 외의 메뉴도 있어요. 하지만 원래부터 카레 전문점이어서 역시 카레가 맛있어요. 일본 카레는 여러 가지 토핑을 올려서 먹는 것이 많은데 '돈카츠카레カツカレー'가 가장 유명하죠. 여기에는 돈카츠카레는 없고, 그 대신 함바그카레가 소문난 메뉴입니다.
함바그도 카레도 일본인(특히 일본 아이들)이 무척 좋아하는 음식이에요. 그 두 가지를 합친 메뉴라면 틀림없이 맛있을 것 같지만, 신기하게도 제가 이제까지 다른 가게에서 먹은 함바그카레는 솔직히 별로인 경우가 많았거든요. 함바그카레를 먹으려면 BOTERO에 가야 한다고 생각합니다.
BOTERO의 함바그카레는 잘 익힌 함바그와 유럽식 카레소스가 조화를 이룬 카레예요. 함바그에는 별도의 소스를 뿌리지 않았으니까 카레와의 궁합을 즐기면 됩니다.

LOCATION 가게에서 제일 가까운 역인 도큐 덴엔토시선 고마자와다이가쿠역에서 12분 정도 걸어가야 합니다. 완전 로컬이어서 외국인 관광객에게는 낯선 지역이기도 해요. 찾아가기 좀 불편할 수도 있지만 일본 함바그카레가 궁금한 분이라면 가볼 만한 맛집입니다.

함바그와 카레가 조화로운
'함바그카레(¥1,180)'
런치 한정 샐러드 세트예요.

ORDER 저의 추천 메뉴는

함바그카레(ハンバーグステーキカレー, 함바그스테키카레)

☞ 런치 타임(샐러드 세트): ¥1,180

☞ 디너 타임(단품): ¥1,450

함바그가 꽤 두툼하고, 주문과 동시에 함바그를 만들기 때문에 음식이 나오기까지 좀 시간이 걸립니다.

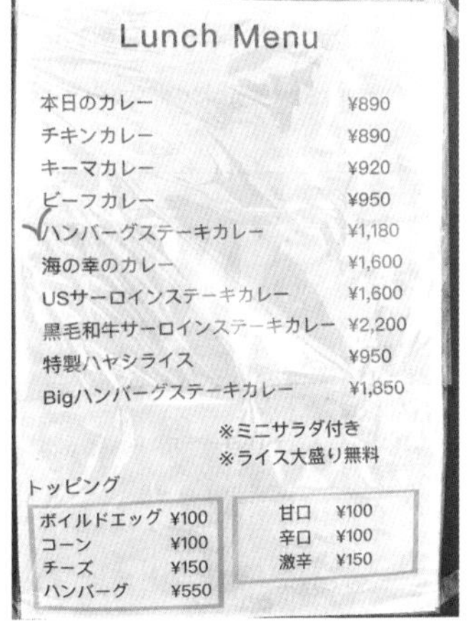

유형 양식, 카레 맛집 **상호** BOTERO **구글맵검색** botcro komazawa **가격대** ~¥2,000 (현금 사용) **웨이팅** ⊖⊖ **영업시간** 런치 11:30~14:00(L.O. 13:40), 디너 18:00~21:30(L.O. 20:40) **휴무** 월·화요일 **위치** 고마자와다이가쿠(駒沢大学), 도큐덴엔토시선 고마자와다이가쿠역 동쪽 출구 도보 12분 **주소** Setagaya-ku Nozawa 2-30-7

Chapter. 9

BAKERY & DESSERT

베이커리와 디저트

마지막 장에서는 베이커리와 후식으로 즐길 수 있는 디저트 맛집을 알려드릴게요.
저 또한 밥심으로 사는 사람이라 빵보다 밥을 먹는 편이지만, 빵도 좋아합니다. 편의점에서도 맛있는 빵을 팔지만, 베이커리에서 파는 갓 구운 빵은 각별하죠. 분위기 좋은 베이커리에 들어가는 것만으로도 행복한 기분이 들기도 하고요. 일본에는 식사로 먹을 수 있는 빵 종류가 많아요. 여행 중에 한 끼는 빵을 고르셔도 좋을 것 같네요.

"일본 라멘집이나 돈부리집엔 왠지 남자만 있는 것 같아서 여자 혼자 들어가기에는 용기가 필요한 것 같다"라는 말을 많이 들었는데요. 저는 반대로 남자 혼자 디저트집에 들어가기가 무서웠어요. 그런데 그동안 제가 SNS나 제 책을 통해 많은 밥친구와 만나면서 디저트집에 같이 갈 수 있는 친구가 꽤 생겼습니다. 예쁜 디저트 맛집은 제가 사는 세상과 다르게 보이긴 하지만, 단 것은 맛있잖아요. 이번에는 제가 최근에 알게 된 디저트 맛집 중 감동을 받은 몇 군데를 엄선해 봤습니다.

지금부터 맛있는 빵, 베이글, 팬케이크, 프렌치토스트, 파르페, 빙수, 젤라토를 먹을 수 있는 곳을 소개해 드릴게요.

크로캉 쇼콜라 먹으러 365日에 갑니다。

훌륭한 콘셉트로 사랑받는
요요기공원 옆 베이커리 '365日'

달달한 구슬 모양의 초콜릿이 한가득
'크로캉 쇼콜라(¥422)'

STORY 도쿄 요요기공원 서쪽 동네에 위치한 인기 베이커리예요. '365일 매일 건강하게 먹을 수 있는 빵을 만들자'는 모토로 운영하고 있고, 최근 도쿄 각지에 분점이 늘어났어요. 요요기 본점은 빵뿐만 아니라 간장이나 낫토 등 몸에 좋은 재료로 만든 식재료도 많이 팔고 있습니다. 또 빵에 관한 책까지 진열되어 있어 설레는 마음으로 쇼핑도 즐길 수 있는 매장입니다.*

MENU 365日의 시그니처인 '크로캉 쇼콜라クロッカンショコラ'는 안에 부드러운 초콜릿크림이 들어 있고 위에는 구슬처럼 생긴 바삭바삭한 초콜릿이 얹혀 있습니다. 작은 금박이 붙어 있는 게 포인트예요. 귀여운 모양새에 식감이 독특해서 먹는 재미가 있어요. 빵 속에 초콜릿 으깬 것도 들어 있어서 초콜릿을 좋아하는 사람이라면 꼭 먹어볼 만한 메뉴입니다.
'365日×식빵365日×食パン'은 버터 풍미가 깊은 담백한 식빵이에요. 홋카이도산과 후쿠오카산 밀가루를 반씩 섞은 빵으로, 식감이 쫀득쫀득합니다. 안에 아무것도 들어 있지 않지만 그대로 맛있게 먹을 수 있을 거예요. 하프 사이즈도 있습니다.

보통 일본의 팥빵あんぱん(앙빵)이나 팥이 들어 있는 과자는 '츠부앙つぶあん'과 '코시앙こしあん' 두 가지로 나뉘어요. 츠부앙은 되도록 팥의 모양이 망가지지 않게 조리한 통팥이고, 코시앙은 페이스트처럼 만든 것을 말합니다. 이곳의 팥빵 역시 츠부앙인 토카치 아즈키 앙빵十勝小豆×あんぱん과 코시앙인 시로코시앙 앙빵白こしあん×あんぱん 두 가지가 있어요. 개인적으로 코시앙이 제 취향입니다.
이외에도 개인적으로 크루아상*이나 빵 모차렐라, 카레빵**도 맛있더라고요. 빵 크기가 작고 좀 비싼 편이긴 한데요. 골고루 골라 친구와 나눠서 먹는 것도 좋을 듯합니다.

TIP 구매한 빵을 가게 앞에 있는 벤치에 앉아서 먹을 수 있지만요, 혹시 날씨가 좋으면 근처에 있는 요요기공원에 가서 드서보세요. 가게에서 요요기공원까지 도보로 3분 거리입니다.
요요기에 본점을 둔 365日는 니혼바시점(구글맵검색 365 Days & Nihonbashi)과 후타코다마가와점(구글맵검색 365 Days & Coffee)도 있어요. 두 분점 모두 타카시마야髙島屋라는 백화점에 입주해 있고, 가게 안에서 커피나 음료수와 같이 빵을 먹을 수 있습니다.

ORDER 저의 추천 메뉴는

크로캉 쇼콜라(クロッカンショコラ, 크롯캉 쇼코라): ¥422
365日×식빵(365日×食パン, 산뱌쿠로쿠쥬고니치 쇼쿠빵): 1개 ¥346, 하프 사이즈 ¥184
코시앙빵(白こしあん×あんぱん, 시로코시앙 앙빵): ¥292

유형 베이커리 **상호** 365日(산뱌쿠로쿠쥬고니치) **구글맵 검색** 365 days yoyogi **가격대** ¥1,000~ **웨이팅** ⊖⊖⊖ **영업시간** 7:00~19:00 **휴무** 무휴 **위치** 요요기하치만(代々木八幡), 도쿄메트로 치요다선 요요기코엔역 1번출구 도보 1분, 오다큐 전철 오다와라선 요요기하치만역 남쪽 출구 도보 1분 **주소** Shibuya-ku Tomigaya 1-2-8

베이글 샌드 먹으러 MARUICHI BAGEL에 갑니다 。

쫀득한 탄력을
좋아하는 사람이라면 반할
베이글 맛집 'MARUICHI BAGEL'

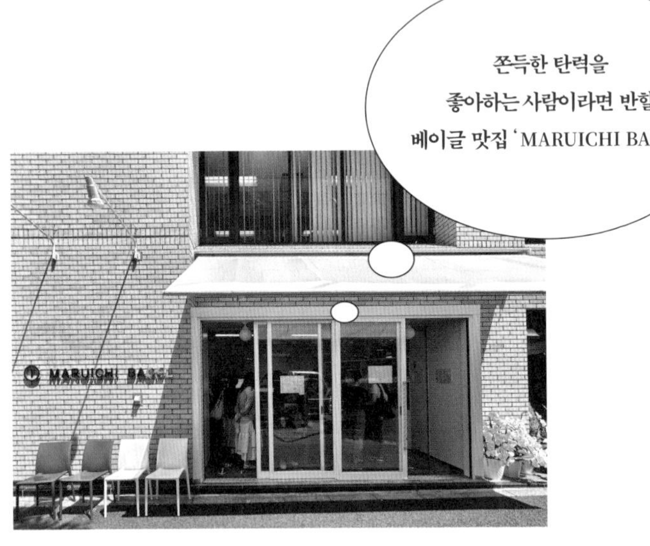

STORY 제가 좋아하는 베이글 맛집으로 시로카네타카나와에 있는 'MARUICHI BAGEL(마루이치 베이글)'을 추천합니다. 여기 사장님은 뉴욕의 'Ess-a-Bagel' 맛에 감동받아서 도쿄에 베이글 가게를 창업했다고 합니다. MARUICHI BAGEL은 도쿄 베이글 맛집 순위에서 항상 상위권에 올라 있어요. 베이글 반죽의 탄력이 너무 강해요. 쫀득쫀득한 식감의 베이글을 좋아하지 않는 사람에게는 안 맞을 수 있는데, 저는 이런 베이글을 좋아해요.

혼자라면
작은 사이즈로 두 가지 맛을!
'플레인 미니 베이글+팥, 버터(¥910)',
'참깨 미니 베이글+애플 시나몬
크림치즈(¥700)' 그리고
따뜻한 커피 S(¥350)

MENU 베이글 종류로는 플레인, 참깨, 양파 등 10종 정도 있습니다. 레귤러 사이즈는 330~450엔, 미니 사이즈(220~240엔)도 있어요. 치즈, 샐러드, 고기, 생선, 과일 등 토핑을 추가해 베이글 샌드로 주문할 수도 있습니다. 메뉴가 영어로도 쓰여 있어서 베이글과 토핑을 고르는 데 어렵지 않을 거예요.

저는 이곳의 참깨 베이글에 애플 시나몬 크림치즈를 토핑하는 걸 좋아합니다. 고소한 참깨 베이글과 진한 크림치즈는 최고의 궁합. 베이글의 쫀득쫀득한 탄력이 너무 강해서 저는 먹다가 턱이 얼얼했는데, 힘들더라도 씹는 걸 멈출 수 없을 만큼 맛있어요. 또, 이제 한국에서도 흔히 볼 수 있게 된 앙버터(토핑 AZUKI+BUTTER)도 당연히 맛있는 토핑 메뉴입니다.

레귤러 사이즈 베이글은 엄청 커서 하나만 먹어도 배부를 수 있어요. 혹시 혼자서 베이글 샌드를 두 가지 먹고 싶다면 미니 사이즈로 주문해 보세요. 미니 사이즈는 작은 햄버거 두 개 정도라고 생각하시면 될 것 같아요(잘라 나오지 않아서 먹기가 좀 불편하지만요). 반면 레귤러 사이즈는 잘라 나오니 일행이 있는 경우라면 나눠 먹기 좋아요.

내 취향대로 베이글 종류와 토핑을 골라서 주문하는 방법 이외에 가게에서 적당한 토핑을 올려 만들어 둔 것도 있습니다. 이렇게 준비된 베이글 샌드의 토핑 궁합은 틀림없이 보장된 맛이고, 베이글을 반으로 자른 하프 사이즈로도 먹을 수 있어요. 단골손님들은 자기 취향에 따라 토핑을 추가하는데, 혹시 골라서 주문하는 게 복잡하다면 준비된 메뉴를 주문해 보세요.

TIP 영업 시간은 아침 7시부터 오후 3시까지. 베이글 샌드는 8시부터 판매가 시작됩니다. 월요일과 화요일은 휴무니까 참고하세요. 베이글 주문 시 요청하면 직원이 데워주는데, 버터나 치즈를 토핑한 건 녹으니까 바로 드시는 게 좋을 것 같아요. 가져가서 숙소에서 먹는 경우 전자레인지로 데우면 더 맛있어질 거예요.

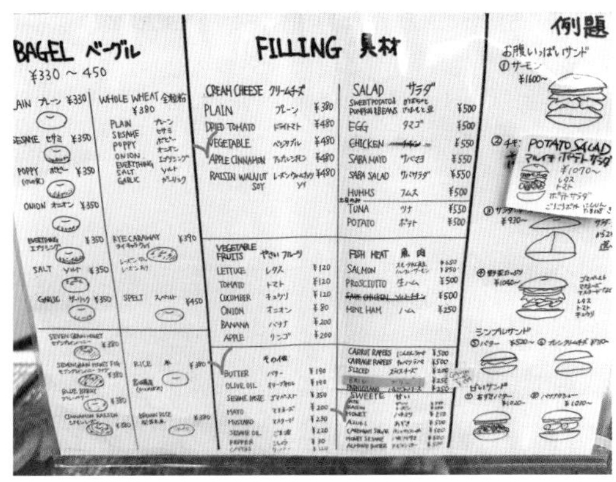

ORDER 저의 추천 메뉴는

플레인 미니 베이글 + 팥, 버터(PLAIN MINI BAGEL + AZUKI, BUTTER): ¥910

참깨 미니 베이글 + 애플 시나몬 크림치즈(SESAME MINI BAGEL + APPLE CINNAMON CREAM CHEESE): ¥700

커피 S(HOT COFFEE SMALL): ¥350

유형 베이글 맛집 **상호** MARUICHI BAGEL **구글맵검색** maruichi bagel **가격대** ¥1,000~ **웨이팅** ⊖⊖⊖⊖ **영업시간** 7:00~15:00 ※베이글 샌드 판매는 오전 8시경부터 **휴무** 월·화요일 **위치** 신바시(新橋). JR신바시역 가라스모리(烏森) 출구 도보 10분. 도에이 지하철 미타선 오나리몬역 A4출구 도보 5분 **주소** Minato-ku Shinbashi 5-23-10

야키카레빵 먹으러 BOULANGERIE SEIJI ASAKURA에 갑니다。

도쿄 최고의 '구운 카레빵'!
다카나와에 위치한 작은 베이커리
'BOULANGERIE SEIJI ASAKURA'

튀긴 카레빵과는 차원이 다르다!
카레소스로 속을 채워 구운
'치즈카레빵(¥420)'

STORY 밥반찬을 넣은 빵을 일본어로 '소자이빵惣菜パン(반찬빵)'이라고 부르는데요. 밥 대용으로 먹을 수 있어서 좋죠. 일본 애니메이션에 자주 나오는 야키소바빵焼きそばパン, 편의점 상품으로 인기 높은 콘마요빵コーンマヨパン(옥수수 마요네즈), 고로케빵コロッケパン, 멘타이 프랑스明太フランス(명란젓 프랑스빵), 그리고 카레빵カレーパン 등이 대표적인 소자이빵입니다. 카레 마니아인 저는 소자이빵의 한 종류인 카레빵도 너무 좋아합니다. 이번엔 도쿄 최고의 카레빵을 파는 'BOULANGERIE SEIJI ASAKURA(블랑제리 세이지 아사쿠라)'를 소개합니다. 이곳은 미나토구 다카나와에 위치한 13평짜리 작고 귀여운 베이커리입니다. 포도, 유자, 레이즌, 홉 등을 사용한 수제 효모로 만든 빵을 맛볼 수 있죠.

MENU 이곳의 카레빵은 '야키카레빵焼きカレーパン(구운 카레빵)'이라는 장르입니다. 일반적으로 일본 카레빵은 한국 고로케처럼 튀기는 게 많은데요, 이곳은 다른 빵들과 똑같이 구워 만듭니다. 구워 만들어야 빵 속에 공기층이 생기지 않고, 속에 넣을 수 있는 재료의 종류를 늘릴 수 있다고 합니다. 속재료는 크게 자른 채소가 듬뿍 들어 있는 카레소스, 스위스산 그뤼에르 치즈, 그리고 마요네즈입니다. 튀긴 카레빵의 카레소스는 수분을 많이 뺀 드라이카레 소스 같은 스타일이 많은데, 야키카레빵은 밥에 뿌려 먹는 카레와 별 차이가 없어요. 카레 향신료와 산미가 마요네즈와 조화를 이루어 딱 좋습니다. 이곳의 카레빵은 일본 현지의 빵 전문 미디어가 선정한 '올해의 빵'에서 금상을 받기도 했어요. 갓 구운 카레빵은 입안에서 살살 녹는 매끄러운 식감을 즐길 수 있어서 좋아요. 따뜻할 때 먹어야 가장 맛있답니다.

참고로 이곳의 카레빵 상품명은 '치즈카레チーズカレー'인데 '소고기 치즈 카레牛肉チーズカレー'라는 빵도 바로 옆에 나란히 진열되어 있어요. 소고기 치즈카레빵엔 훈제 소고기가 들어 있어요. 개인적으로는 훈제 소고기를 넣지 않은 치즈카레빵이 카레 맛을 만끽할 수 있어서 더 맛있다고 생각합니다.

이곳엔 카레빵 이외에도 맛있는 빵이 많아요. 저는 앙버터나 크림크루아상도 먹어봤는데 꿀맛이더라고요!

LOCATION 가장 가까운 역은 도에이 지하철 아사쿠사선 다카나와다이역이고, 역에서 도보로 5분 거리입니다. 다른 역에서도 갈 수 있고, 도쿄메트로 난보쿠선 시로카레타카나와역에서 도보로 10분, JR시나가와역 다카나와다이 출구에서 도보로 15분, JR다카나와 게이트웨이역에서 도보로 10분 거리입니다. 혹시 버스를 이용한다면 시나가와역 다카나와 출구에서 버스(品93)를 타고 다카나와경찰서 정류장에서 내리는 방법도 있어요. 구글맵에서 경로를 검색하고 찾아가 보세요(구글맵검색 SEIJI ASAKURA). 저는 걷는 걸 좋아해서 산책 겸 시나가와역에서 걸어갔습니다(시나가와역에서 가는 길에 비탈길이 좀 있어요).

ORDER 저의 추천 메뉴는

치즈카레(チーズカレー): ¥420
크림크루아상(クリームクロワッサン): ¥495
앙버터(大納言あんバター): ¥530

유형 베이커리 **상호** BOULANGERIE SEIJI ASAKURA **구글맵검색** seiji asakura **가격대** ¥1,000~ **웨이팅** ⊖⊖ **영업시간** 일~금요일 10:00~18:00 **휴무** 토요일 **위치** 다카나와(高輪), 도에이 지하철 아사쿠사선 다카나와다이역 A1출구 도보 5분, 도쿄메트로 난보쿠선 시로카레타카나와역 1번출구 도보 10분, JR시나가와역 다카나와다이 출구 도보 15분, JR다카나와 게이트웨이역 도보 10분 **주소** Minato-ku Takanawa 2-6-20

철판 프렌치토스트 먹으러 빵토 에스프레소토에 갑니다.

오모테산도의 핫한 베이커리 카페
'빵토 에스프레소토
(パンとエスプレッソと)'

STORY '빵토 에스프레소토'는 근래에 도쿄 오모테산도 쪽에서 가장 핫한 베이커리 카페입니다. '무스-'라는 명물 식빵*과 함께 가게 안에서 먹을 수 있는 메뉴들도 충실해서 카페로도 소문이 났어요. 식빵 이름의 '무'란 프랑스어로 부드럽다는 뜻이에요. 버터를 많이 넣어서 부드럽다고 합니다. 그냥 먹어도 맛있는 이 식빵으로 만든 '철판 프렌치토스트鉄板フレンチトースト'는 정말 너무 맛있어서 인기가 많습니다.

겉은 바삭, 속은 촉촉
'철판 프렌치토스트(¥750)'

MENU 철판 프렌치토스트는 매일 오후 3시부터 한정 수량으로 판매합니다. 이 메뉴를 먹으려고 3시 전부터 줄을 서서 기다린답니다. 우유와 생크림, 계란을 섞은 후 무 식빵을 담가 숙성해서 만든 프렌치토스트. 뜨거운 철판에 구워 겉은 바삭하고 속은 촉촉해서 부드럽게 녹는 절묘한 식감이에요! 함께 나오는 꿀도 뿌려서 드셔보세요. 철판은 작은 1인용인데 너무 귀여워요. 개인적으로 음료는 카푸치노를 추천하고 싶습니다. 특히 아이스 카푸치노는 비주얼도 맛도 좋아요.

베이커리에서 파는 빵들도 카페 안에서 먹을 수 있습니다(단, 음료를 주문해야 합니다). 저는 '단팥 크림치즈あんこクリームチーズ'가 제일 마음에 들어요.** 완전 취향 저격! 단팥과 크림치즈, 버터가 들어 있는 빵은 일본에서 자주 볼 수 있는 것이지만 이곳의 단팥 크림치즈 빵은 유독 맛있더라고요.

TIP 빵토 에스프레소토 오모테산도 본점은 아침 8시에 문을 엽니다. 아침 8시부터 11시까지 모닝 메뉴(토스트 등), 오전 11시부터 오후 3시까지 런치 메뉴(파니니 등)가 나와요. 그냥 프렌치토스트는 아침 메뉴로 베이커리에서 포장 판매하는 것도 있기는 한데 인기가 많은 철판 프렌치토스트는 오후 3시 이후 먹을 수 있는 메뉴입니다. 조금 늦게 가면 매진될 수도 있어요. 그래서 3시 전에 가서 웨이팅리스트에 이름을 적고 기다리는 것이 나을 거예요. 도쿄역 앞 마루노우치와 다카나와 게이트웨이에도 매장이 있는데 포장된 것만 판매하는 터라 철판 프렌치토스트는 없어요. 또, 시부야 미야시타파크점과 지유가오카점도 있지만, 직영점이 아니어서 철판 프렌치토스트는 본점과 가격이나 내용이 약간 다릅니다. 오모테산도 본점에 가서 드셔보는 걸 추천합니다.

ORDER 저의 추천 메뉴는

철판 프렌치토스트(鉄板フレンチトースト, 뎃판 후렌치토스토): ¥1,050
아이스 카푸치노(アイスカプチーノ): ¥650
단팥 크림치즈(あんこクリームチーズ, 앙코 크리므치즈): ¥300

유형 베이커리 카페　**상호** 빵토 에스프레소토 오모테산도 본점(パンとエスプレッソと 表参道本店)　**구글맵검색** bread espresso omotesando　**가격대** ¥1,000~　**웨이팅** ⊖⊖⊖　**영업시간** 8:00~19:00(모닝 8:00~11:00, 런치 11:00~15:00, 카페 11:00~19:00)　**휴무** 비정기　**위치** 오모테산도(表参道), 도쿄메트로 오모테산도역 A2출구 도보 5분　**주소** Shibuya-ku Jingumae 3-4-9

팬케이크 먹으러 Balcony by 6th에 갑니다。

팬케이크 인기 맛집
'Balcony by 6th'가
아자부다이 힐스에 리뉴얼 오픈!

단짠단짠의 조화가 일품인
‘6th 팬케이크(¥1,600)’ +
엑스트라 버터(¥200)

STORY 개인적으로 도쿄에서 제일 좋아한 팬케이크 맛집 ‘6th by ORIENTAL HOTEL’이 주변 지역의 재개발 때문에 문을 닫았고, 도쿄의 랜드마크 타워인 ‘아자부다이 힐스’에 입주해 ‘Balcony by 6th(발코니 바이 식스스)’라는 이름으로 리뉴얼 오픈했습니다. 2023년 11월에 오픈한 아자부다이 힐스는 롯폰기 이웃 동네인 아자부다이에 위치하고, 2023년 현재 일본에서 가장 높은 상업 시설입니다(높이 330m). 세계 각국의 인기를 모은 ‘% ARABICA’ 커피를 비롯해 유명 브랜드가 많이 입주해 있어요. ‘Balcony by 6th’는 그 이름대로 발코니가 있는 카페 다이닝으로, 팬케이크, 치즈케이크, 그리고 식사류(주로 이탈리안 요리)가 주요 메뉴입니다.

MENU 이곳의 팬케이크는 폭신폭신한 식감의 수플레 팬케이크는 아니고요, 심플한 클래식 팬케이크 스타일입니다. 가장 큰 특징은 푹신한 반죽 안에서 느껴지는 쫄깃함이랄까요. 팬케이크는 두 개가 겹쳐져서 나오는데 두툼하고 양이 많은 편이에요. 혼자 먹기엔 많다 싶었는데 주변을 둘러보니 의외로 혼자서 먹는 손님도 꽤 있더라고요. 막상 먹다 보니 부담스럽지 않아 저는 밥 먹은 후 디저트로 맛있게 잘 먹었습니다. 참고로 메뉴판에는 없지만, 하프 사이즈로도 주문 가능해요.

토핑은 엑스트라 버터(200엔), 바닐라아이스크림(200엔), 생크림(200엔), 그리고 초콜릿•바나나•바닐라아이스크림•생크림을 다 얹은 것(600엔)이 있어요. 개인적으로는 엑스트라 버터 토핑을 추천합니다. 소금 맛이 제대로 느껴지는 엑스트라 버터와 달콤한 팬케이크의 단짠단짠 조화가 환상적이에요.

또, 이곳은 바스크 치즈케이크도 인기 메뉴입니다.* 바스크 치즈케이크는 스페인 바스크 지방의 치즈케이크이고, 몇 년 전 일본 편의점에서 '바스치'라는 이름으로 대박이 난 상품이기도 해요. 표면을 살짝 구워서 겉은 바삭하고 캐러멜 같은 맛, 속은 촉촉한 크림치즈입니다. 수량 한정 메뉴인데 혹시 주문 가능하면 꼭 맛보세요.

TIP 팬케이크 등 디저트 메뉴는 런치 및 카페 운영 시간인 11:00~17:30에만 먹을 수 있어요. 그 이후에는 디너, 바 메뉴로 영업하고 팬케이크가 없으니 꼭 기억해 주세요!

모닝 타임(8:00~10:30), 런치 타임(11:00~14:30), 디너 타임(17:30~23:30)은 웹사이트 Table Check(구글 검색어 balcony by 6th table check)로 예약이 가능해요. 다만, 웹사이트 예약을 하는 경우 식사류(가격대 2,000~5,000엔)도 주문해야 합니다. 자리가 총 185석이니(야외 테라스석 50석 포함), 예약 없이 방문해도 들어갈 수는 있을 것 같아요. 웨이팅이 있을 경우는 입구에서 접수(QR코드 스캔)하면 입장 시간에 LINE으로 통지가 옵니다. 아자부다이 힐스의 매장을 구경하면서 기다리시면 될 것 같아요. 가게는 아자부다이 힐스 모리 JP 타워 플라자 3층에 있습니다.

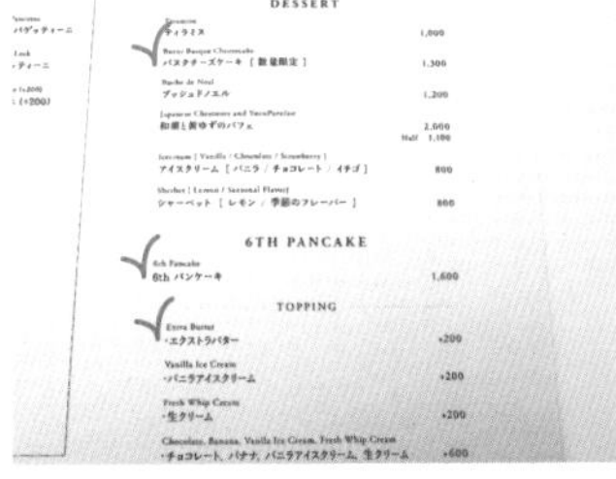

ORDER 저의 추천 메뉴는

6th 팬케이크(6th Pancake): ¥1,600 + 엑스트라 버터(Extra Butter): ¥200
바스크 치즈케이크(Burnt Basque Cheesecake): ¥1,300

유형 카페 다이닝 **상호** Balcony by 6th **구글맵검색** balcony by 6th **가격대** ¥2,000~ **웨이팅** ⊖⊖⊖⊖ **영업시간** 모닝 8:00~10:30, 런치 11:00~14:30, 카페 11:00~17:30, 디너 17:30~23:30 ※디너 타임에는 팬케이크 등 디저트류를 판매하지 않음 **휴무** 1월 1일 **위치** 아자부다이 힐스(麻布台ヒルズ), 도쿄메트로 히비야선 가미야초역 5번출구 직결, 도쿄메트로 난보쿠선 롯폰기잇초메역 2번출구 도보 4분 **주소** Minato-ku Azabudai 1-3-1 Hills Mori JP Tower Hills Tower Plaza 3F

파르페 먹으러
L'atelier à ma façon에 갑니다 。

몇 년간 먹은 디저트 중 가장 크게
감동받은 파르페 맛집
'L'atelier à ma façon'

가을 메뉴인 서양배 르방을 얹은
'몽블랑(¥4,180)'

STORY 글라스 디저트 맛집 'L'atelier à ma façon(라틀리에 아 마 파송)'은 모리 이쿠마 씨가 낸 가게입니다. 모리 씨는 2000년대, 우동과 파르페를 메인으로 파는 '카페 나카노야'의 점장으로 일하면서 예술적인 메뉴를 선보여 주목을 받았습니다. 그는 우동보다 소바를 좋아했으며, 파르페에도 별 관심이 없었다고 합니다. '우동이나 파르페에 관심이 없는 내가 어떻게 하면 관심을 갖게 될까? 소바를 좋아하는 사람이 먹고 싶어지는 우동이란 어떤 걸까?' 이런 고민 끝에 개발한 우동이나 파르페는 재료, 레시피, 비주얼, 맛 등이 뛰어난 데다 기존의 틀을 깬 독창적인 스타일로 크게 성공했습니다. 그러다가 모리 씨는 2019년 가미노게 지역에 글라스 디저트 전문점 'L'atelier à ma façon'을 차렸습니다. 가게 이름은 '자기만의 작업실'이라는 뜻의 프랑스어. 이름 그대로 모리 씨의 센스와 창의성이 오롯이 반영된 가게입니다. 마치 동화처럼 아기자기한 분위기에서 최고의 파르페를 즐겨보세요.

MENU 이곳의 파르페는 아름다운 비주얼도 맛도 일품입니다. 저는 이곳의 파르페를 표현할 말을 아직 못 찾았어요.
저는 11월에 방문하고 서양배를 얹은 몽블랑(밤 크림을 주재료로 한 디저트)을 주문했습니다. 몽블랑 밑에 크렘브륄레(커스터드 크림 위에 단단한 설탕막을 입힌 디저트)가 들어 있고, 먹다가 중간에 도토리 리큐어를 뿌려 맛을 변화시켜요. 또, 타르트 타탱(버터와 설탕을 넣어 구운 프랑스식 사과 파이) 파르페도 먹어봤어요.* 타르트 타탱 밑에 교토 말차아이스크림과 가나슈 초콜릿크림도 들어 있어, 신기하면서도 절묘한 궁합이더라고요. 디저트 메뉴는 늘 10종 이상 있지만, 자주 메뉴가 바뀝니다. 겨울에서 봄까지는 딸기를 사용한 메뉴, 장마철에는 수국을 연상시키는 메뉴, 여름에는 해바라기를 표현한 메뉴 등, 파르페로 계절의 정취를 표현하는 겁니다. 지난주까지 있던 메뉴가 갑자기 없어지고 새로운 메뉴가 출시되는 건 이곳에서 흔한 일이에요. 그렇지만 어떤 메뉴를 주문해도 손님을 행복하게 만들어 주는 건 확실합니다.

이곳의 메뉴판은 사진이 없고, 메뉴명이 너무 길어요. 제가 주문한 몽블랑의 메뉴명은 '熊本県山江村産やまえ栗にモンブラン仕立て スペイン産『リコール・デ・ベジョータ』(どんぐりのリキュール)とクレマカタラナ(スペイン式クレームブリュレ), 洋梨のリュバン'('구마모토현 야마에무라산 밤 몽블랑, 스페인산 도토리 리큐어와 크렘브륄레, 서양배 르방'). 이런 메뉴명과 함께 서정시 같은 설명글이 곁들여져 있어요. 외국 요리명이나 전문 용어가 많아 솔직히 일본인이 읽어도 뭐가 뭔지 모릅니다. 모리 씨는 굳이 사진을 보여주지 않고 어떤 메뉴가 나올지 기대하며 기다려 줬으면 좋겠다는 의도로 메뉴판을 만드신 것 같아요. 영어나 외국어 메뉴명은 없습니다. 그래서 일본어를 못 읽는 분은 인스타그램에 올라온 사진을 가리키며 "코레 쿠다사이(이거 주세요)"라고 말하면서 주문하면 될 것 같아요.
인스타그램 공식 계정 @latelier_a_ma_facon의 피드를 통해 최신 메뉴 사진들을 볼 수 있어요.

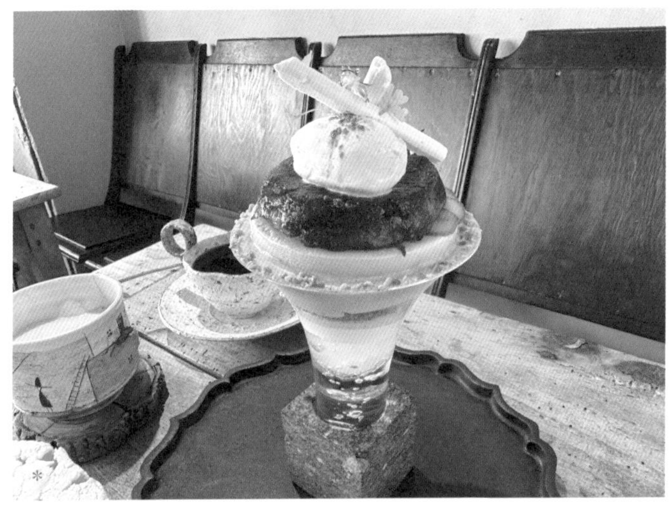

그릇이나 컵 들도 다 이곳의 세계관과 잘 어울리는 것만 쓰고 있어요. 수제 그릇은 제각각 모양이 다르고, 한 세트에 수십만 엔이 넘는 것도 있다고 합니다. 참고로 제가 몽블랑을 주문했을 때는 새의 깃털 같은 장식이 된 플레이트에 올려져 나왔어요. 그리고 직원이 수증기를 올려 멋진 분위기를 연출해 주셨습니다. 그걸 제가 촬영한 후, 먹기 편한 그릇으로 바꿔주셨어요. 마치 신부가 드레스 체인지를 하는 것 같더라고요(모든 메뉴가 이런 그릇 변경 연출을 하는 건 아니랍니다).

이곳은 계절마다, 아니 마음 같아서는 매달 가고 싶은 맛집입니다. 저는 원래 파르페에 관심이 많은 사람은 아니었지만, 모리 씨 의도대로 저도 이곳의 파르페에 반해버렸어요.

TIP 영업시간은 오전 10시 15분부터 오후 3시이고, 오전 9시에 웨이팅 리스트 접수가 시작됩니다. 인기 메뉴부터 품절이 되고, 재료 소진으로 조기 마감할 수도 있으니 되도록 오전에 방문하시는 걸 추천합니다.

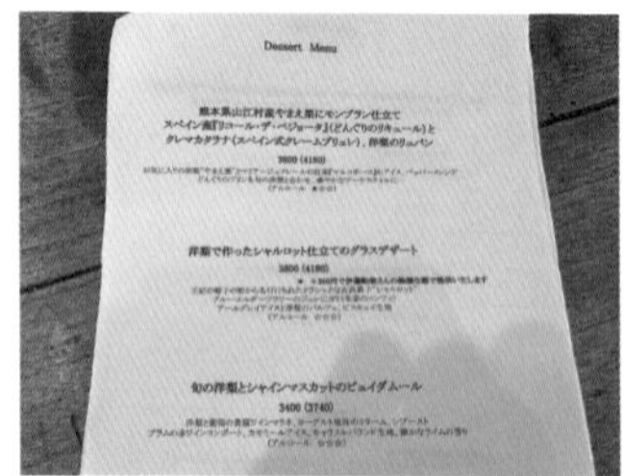

이곳을 방문하는 손님은 혼자 혹은 한 그룹당 두 명까지로 인원 수가 제한됩니다. 혹시 세 명 이상 방문한 경우, 같은 자리에 안내받지 못할 수 있으니 참고하세요. 미술관 같은 분위기에서 손님들이 조용히 파르페를 즐기는 모습을 볼 수 있습니다. 동행자와 대화를 나눌 때도 되도록 조용한 분위기를 유지하는 게 좋을 듯합니다.

주문 시 한 명당 디저트와 음료수를 각각 하나씩 주문하셔야 합니다. 이곳의 파르페는 모리 씨가 직접 만들기 때문에 나올 때까지 시간이 걸려요.

이곳은 주방 전체가 냉장고이다시피 해요. 파르페의 아이스크림을 되도록 녹지 않은 상태로 손님에게 제공하기 위해서라네요. 장인정신이 느껴지지 않나요. 촬영하려면 파르페가 녹기 전에 가능한한 빨리 하세요.

ORDER 저의 추천 메뉴는

시기마다 메뉴가 자주 바뀝니다. 미리 가게 공식 인스타그램으로 확인하고 방문하세요.

유형 글라스 파르페 맛집 **상호** L'atelier à ma façon **구글맵검색** latelier a ma facon **가격대** ¥3,000~(현금 사용) **웨이팅** ⊖⊖⊖ **영업시간** 10:15~15:00 ※재료 소진 시 조기 마감 **휴무** 비정기 ※인스타그램 @latelier_a_ma_facon 하이라이트에서 확인 **위치** 가미노게(上野毛). 도큐 오오이마치선 가미노게역 정면 개찰구 도보 1분 **주소** Setagaya-ku Kaminoge 1-26-14

빙수 먹으러 히미츠도에 갑니다 。

천연얼음을 수동식 빙수기로
갈아 만드는 수제 빙수 맛집
'히미츠도(ひみつ堂)'

STORY 일본에서는 빙수를 '카키고리かき氷'라고 부릅니다. 원래 일본 여름 축제인 오마츠리 때 노점에서 파는 음식으로, 딸기 등의 시럽을 뿌려서 먹는 심플한 스타일이었습니다.

언제 가도 맛있는 계절 빙수를
먹을 수 있는 곳! 가을에는
'나가노퍼플 밀크(¥2,100)'

이번에 소개하는 카키고리 전문점 '히미츠도' 역시 처음엔 노점에서 시작했습니다. 히미츠도를 창업한 사장님은 개인적으로 친구들에게 수제 빙수를 만들어 주곤 했었는데 그게 큰 호평을 받았답니다. 어느 날 불꽃놀이 축제에서 빙수를 팔았는데 사람들의 반응이 엄청 좋았던 거예요. 행사 진행에 지장을 줄 만큼 사람들이 장사진을 이루었대요. 그 덕에 2011년 빙수 전문점인 히미츠도를 오픈했답니다. 히미츠도에서는 1년 내내 언제나 빙수를 먹을 수 있어요.

MENU 이곳의 빙수는 도치기현 닛코시에서 채빙한 천연얼음을 수동식 빙수기로 갈아 만들어요. 대부분의 가게는 전자동 빙수기를 사용하지만, 수동으로 갈아야 빙수 식감이 가져다주는 입안의 재미를 느낄 수 있기에 여기선 수동 빙수기를 사용합니다. 가게 입구 부근에서는 직원이 열심히 얼음을 가는 모습을 볼 수 있어요.

빙수에는 수제 과일소스를 넉넉히 뿌려줍니다. 일본에는 딸기, 멜론, 복숭아, 포도 등 과일에 맛있는 고급 브랜드가 있어요. 제철 과일로 만든 소스는 당도가 높고 특별해요. 가을에서 겨울에는 밤, 호박, 고구마 등으로 만든 빙수를 선보입니다. 제가 친구들과 가을에 방문했을 때는 나가노 퍼플ナガノパープル(샤인머스캣처럼 껍질째 먹을 수 있는 적포도, 일본 최고의 포도 품종), 와구리노 몽블랑(일본 고유 품종의 밤으로 만든 디저트)*, 펌킨 크림 캐러멜**을 주문했습니다. 한국과 달리 이곳은 1인 1빙수를 주문하는 시스템입니다. 일본 빙수 역시 섞지 않고 그대로 먹어요. 돈부리(덮밥)나 카레를 먹을 때도 그렇듯이. 맛을 균일하게 섞기보다 그대로 먹는 게 본연의 맛이나 식감을 잘 느낄 수 있기 때문입니다.

가격은 시즌마다 다소 변동이 있는데, 고급 브랜드 과일을 사용하기에 상당히 비싼 편이에요. 그래도 최고의 천연얼음과 과일로 만드는 빙수는 꼭 한번 먹어볼 만합니다. 참고로, 빙수는 더울 때 먹어야 제맛이라고 생각해 이곳에서는 여름에 냉방기를 켜지 않고 선풍기만 돌립니다.

TIP 웨이팅이 생기면 입장 시간이 적힌 번호표를 배포합니다. 특히 성수기인 여름에는 몇 시간 기다리는 경우도 있어요. 낮보다 저녁에 가면 웨이팅 시간을 줄일 수 있을 거예요.

가게가 위치하는 야나카는 향수를 불러일으키는 로컬 관광지입니다. 야나카 동네를 천천히 구경하다가 돌아오면 좋을 것 같아요. 옛 모습이 그대로 남아 있는 야나카긴자 상가와 상가를 내려다볼 수 있는 '유야케단단(계단)', 야나카긴자 상가 명물인 정육점 멘치카츠(다진 고기 튀김), 전국적으로 유명한 '야나카커피' 본점, 그리고 작은 잡화점들도 있어요. 고양이 마을답게 귀여운 고양이 잡화도 많이 볼 수 있을 거예요. 볼거리가 참 많은 동네랍니다.

ORDER 저의 추천 메뉴는

☞ 가을 메뉴(메뉴는 계절마다 해마다 변경)

나가노퍼플 밀크(ナガノパープル みるく): ¥2,100

일본 밤 몽블랑(和栗のモンブラン, 와구리노 몽블랑): ¥2,100

호박 크림 캐러멜(パンプキンクリームキャラメル, 펌프킨 크렘 캐러멜): ¥1,700

※최신 메뉴는 공식 X(구 Twitter) @himitsudo132에서 확인하세요.

유형 카키고오리 전문점 **상호** 히미츠도(ひみつ堂) **구글맵검색** himitsudo **가격대** ¥2,000~(현금 사용) **웨이팅** ⊖⊖⊖⊖ **영업시간** 평일 10:00~18:00, 토·일요일 9:00~18:00 ※하기(7~9월) 8시 오픈, 자세한 영업시간은 공식 X(구 Twitter) @himitsudo132에서 확인 **휴무** 월요일(10~6월 월·화요일) **위치** 야나카(谷中), JR야마노테선 닛포리역 서쪽 출구 도보 4분, 도쿄메트로 치요다선 2번출구 도보 6분 **주소** Taito-ku Yanaka 3-11-18

스파이스 젤라토 먹으러 Curry Spice Gelateria KALPASI에 갑니다。

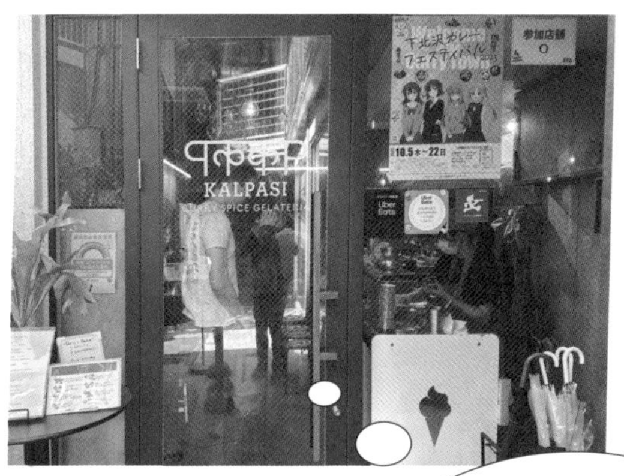

일본에서 제일 예약 잡기 어려운
카레 맛집이 만든 젤라토와
카레 전문점 'Curry Spice
Gelateria KALPASI'

STORY 한국에도 맛있는 젤라토집이 많이 있는 것 같은데요. 이왕이면 도쿄에 가야 먹을 수 있는 독창적이면서도 맛도 좋은 젤라토를 드셔보셨으면 하는 마음으로 'Curry Spice Gelateria KALPASI(커리 스파이스 젤라테리아 칼파시)'를 소개합니다. KALPASI 본점은 2016년 치토세후나바시 지역에 향신료를 자유롭게 섞어서 만든 카레 종류인 스파이스카레 맛집으로 오픈했습니다. 구로사와 코이치 오너 셰프님은 요식업에 종사한 경험이 전혀 없이 KALPASI를 창업하셨습니다. 완전 예약제로 디너 때만 문을 열고, 메뉴는 카레 코스 요리 딱 하나. 이곳의 카레 맛이 소문나면서, 일본에서 제일 예약 잡기 어려운 카레 맛집으로 유명해졌어요. 그러다가 2020년에 예약 없이 방문할 수 있는 분점으로 Curry Spice Gelateria KALPASI 시모키타자와점이 오픈했습니다. 시모키타자와점에서 파는 젤라토는 본점의 카레 코스 요리에서 나오는 디저트입니다. 물론 카레도 맛있지만, 개인적으로는 젤라토에 더 큰 충격을 받았어요.

향신료로 만든 디저트의
신선한 충격! '젤라토 2종(¥600)'

MENU 보통 인도 카레는 향신료의 기본 배합이 정해져 있고 조리 과정도 규칙을 따라야 하는데요. 일본의 '스파이스카레'는 그런 틀을 깬 카레입니다. 일본인 카레 마니아가 향신료를 자유롭게 배합해서 만든 것이라고 생각하면 돼요. 그런데 낯선 향신료에 익숙지 않은 한국인들에게는 일본의 스파이스카레가 입에 안 맞을 수도 있어요. 일본인이 열광하는 스파이스카레 맛집에서 막상 먹어봐도 그 맛에 의문을 품는 한국인 친구들이 의외로 많더라고요. 그래서 저는 KALPASI의 스파이스카레와 젤라토를 소개하는 걸 주저했었는데요, 제 한국인 친구들이 이곳은 또 괜찮다고 합니다. 특히 향신료로 만든 젤라토는 맛있게 먹었답니다.

카레는 2종 혹은 3종이 나오고, 젤라토는 총 8종 중에서 2종을 고르는 시스템입니다.
젤라토는 시즌마다 일부 맛이 바뀌지만, 제가 2023년에 방문했을 때는 다음과 같은 메뉴가 있었습니다.

1 Habanero Pepper, Watermelon / 2 Charred Mustard Seed, Coconut / 3 Cardamon, Mascarpone, Lassi / 4 Masala Chai / 5 Jaljeera, Kiwi / 6 Sichuan Pepper, Chocolate / 7 Cinnamon, Cookies, Milk / 8 Blue Cheese, Roasted Cumin Seeds*

젤라토를 주문할 때에는 번호만 직원에게 말하면 됩니다. 저는 3번 카다몬 마스카포네 라씨 와 6번 화자오 초콜릿, 그리고 1번 하바네로 수박과 7번 시나몬 쿠키 밀크를 먹어봤습니다. 화자오는 입이 살짝 아리는데 쓴 초콜릿과 달콤한 마스카포네 라씨와 묘하게 조화되어 처음 먹는 맛이더라고요. 1번 하바네로 수박은 확실히 매운맛인데 시나몬 쿠키와 섞어 먹어보니 상쾌하고 깔끔했습니다. 신기한 맛에 퀄리티가 아주 좋은 젤라또입니다.
카레도 젤라토도 포장이 가능합니다. 젤라토만 주문하는 것도 가능하고, 가게에서 젤라토만 먹는 손님도 있더라고요. 스파이스카레 맛집이 만드는 스파이스 젤라토, 꼭 한번 도전해 보세요.

ORDER 저의 추천 메뉴는

카레 3종과 젤라토(カレー3種 ジェラート, 카레 산슈 젤라토): ¥2,000
젤라토 단품(ジェラート, 젤라토): ¥600

유형 스파이스카레 젤라토 맛집 **상호** Curry Spice Gelateria KALPASI **구글맵검색** curry spice gelateria KALPASI **가격대** ¥1,000~(현금 사용) **웨이팅** ⊖⊖⊖ **영업시간** 11:30~21:00(L.O. 20:00) **휴무** 목요일 **위치** 시모키타자와(下北沢), 게이오 이노카시라선 / 오다큐 전철 시모키타자와역 동쪽 출구 도보 2분 **주소** Setagaya-ku Kitazawa 2-12-2

etc.

일본은 편의점 천국이지요. 한국인 관광객들도 일본 편의점을 좋아하는 것 같더라고요. 일본의 3대 편의점은 세븐일레븐, 패밀리마트, 로손인데요. 사실 일본 현지인들의 편의점 인기나 만족도는 세븐일레븐이 가장 높은 것 같습니다. 반찬, 빵, 디저트, 그 밖의 서비스 등 다른 편의점과는 수준이 다르다고 할 수 있어요. 특히 세븐일레븐이 자체 생산하는 '세븐 프리미엄SEVEN PREMIUM' 브랜드의 음식들은 웬만한 맛집 음식보다 맛있습니다.

일본 편의점은 경쟁이 치열해서 각 편의점에서 좋은 상품이 계속해서 나오고 있어요. 이번에 소개할 편의점 음식들은 세븐일레븐에서 맛볼 수 있는 것들로, 일본 현지인이 평소에 먹는 음식들이기에 관광객들 사이에서 인기 있는 상품들과 다소 다를 수도 있습니다. 약간 낯선 상품도 있겠지만 일본 여행 중 숙소에서 편의점 음식을 먹는 걸 좋아하거나, 일본 편의점 음식에 관심이 있는 분이라면 한번 도전해 보세요!

※세븐일레븐은 시기마다 상품명이나 패키지가 자주 바뀝니다. 또, 지역마다 판매하는 상품의 맛이 약간 다를 수도 있습니다. 이번에 소개한 상품은 2023년 도쿄 점포에서 찾은 것들입니다.

현지인이 진짜로 자주 먹는
리얼 일본 편의점 음식을
소개할게요.

삼각김밥

直巻おむすび

일본 편의점의 삼각김밥은 김이 따로 있어서 직접 김으로 싸서 먹는 게 일반적인데요, '지카마키 오무스비(直巻おむすび)' 시리즈는 김이 싸여 있는 상태로 판매합니다. 저는 컵라면과 같이 지카마키 오무스비를 먹는 걸 좋아합니다. 일본에는 '라멘 라이스'라는 말이 있는데요, 라멘을 밥반찬처럼 먹는 문화가 있거든요. 그래서 편의점에서도 컵라면과 오니기리를 같이 먹는 사람이 많아요.

¥156~162

낫토 김밥

手巻寿司 北海道産大豆の納豆巻

일본식 김밥은 한국 김밥과 모양은 비슷하지만 참기름을 사용하지 않고, 속재료가 단순한 것이 특징입니다. 세븐일레븐의 낫토 김밥도 정말 맛있는데요, 위에서 소개한 '지카마키 오무스비'처럼 컵라면이나 컵야키소바 등과 같이 먹는 것을 추천합니다. 밥은 식초가 약간 들어가 있으며, 낫토에 간이 되어 있으니 그대로 드시면 됩니다. 저는 집에서 먹을 땐 간장에 찍어 먹곤 해요.

¥194

유명 맛집 재현 라멘

일본에서는 연간 약 1,500종의 컵라면이 판매된다고 하는데요, 그중 '유명 맛집 재현 장르'가 인기를 끕니다. 세븐일레븐에서 만든 '스미레 삿포로 미소'와 '잇푸도 하카타 돈코츠'는 2000년에 발매된 이 장르의 원조이자 롱셀러 상품이에요. 스미레는 홋카이도 미소라멘 레전드 맛집이고요, 잇푸도는 돈코츠라멘집이에요. 20여 년간 히트 상품으로 인정받는 이 라멘을 아직 먹어보지 않았다면 한번 도전해 보세요.

스미레 삿포로 미소(된장 맛)
すみれ 札幌濃厚味噌 ¥321
잇푸도 하카타 돈코츠
一風堂 赤丸新味博多とんこつ ¥321

모코탄멘 나카모토
蒙古タンメン中本 辛旨味噌

일본에서 매운 라멘 하면 가장 유명한 맛집이 '모코탄멘 나카모토'입니다. 된장 베이스 라멘에 중독성이 있는 마파두부를 얹은 라멘을 파는데요. 점포에서는 매운 단계를 극으로 높일 수도 있어서, 매운맛을 좋아하는 한국인들이 도전하러 가시기도 하더군요. 마파두부를 컵라면으로 재현하기가 쉽지 않았을 텐데 세븐일레븐이 해냈습니다.

¥237

킨노 비프카레

金のビーフカレー

세븐 프리미엄 시리즈 중에서도 최상급 라인인 '킨노(金の)' 시리즈의 레토르트 카레예요. 유럽풍 카레인데 냉장 보관을 해야 하고 유통기한은 한 달 정도로 길지 않아요. 레토르트 카레치고는 비싼 편인데 레토르트 카레 중 가장 맛있었어요. 제가 외식으로 카레를 먹을 때 이 세븐 프리미엄의 카레보다 맛있으면 먹을 만한 카레라고 인정하는데, 지금까지 세븐 프리미엄 카레보다 맛있는 경우는 많이 없었어요.

¥473

킨노 함바그

金のハンバーグ

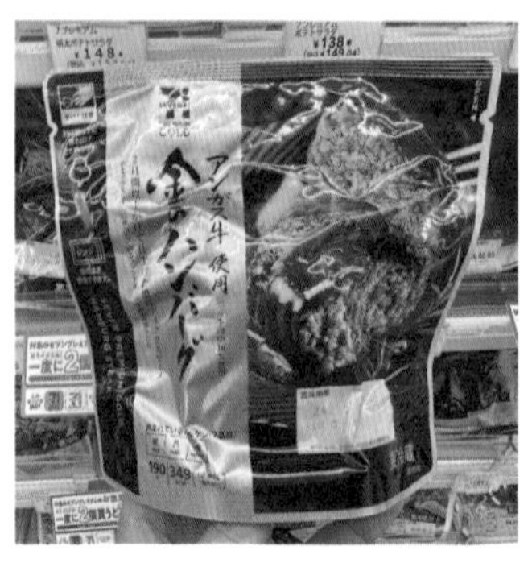

이것도 '킨노' 브랜드의 고급스러운 함바그입니다. 데미그라스소스에 검은 송로버섯이 조금 들어 있는 사치스러운 함바그예요. 웬만한 함바그 맛집에서 먹는 것보다 훨씬 맛있습니다.

¥505

마파두부

四川風麻婆豆腐

저는 유명한 사천요리 맛집에 가서 마파두부를 먹는 게 취미이기도 한데, 세븐일레븐 마파두부 역시 유명 맛집 못지않게 맛있습니다. 일본 마파두부는 한국보다 향신료가 강한 편이고, 혹시 얼얼한 맛에 익숙지 않은 분이라면 좀 놀랄 수도 있습니다. 이 상품은 밥은 없지만, 밥반찬으로 먹어도 맛있습니다.

¥356

토로로 소바

だし割とろろを味わう とろ玉そば

여름 한정 메뉴로, 매년 발매되면 제가 꼭 먹는 소바입니다. 토로로(마를 갈아서 간장을 넣은 것)를 소바에 얹은 메뉴인 토로로 소바는 일본에서 인기 메뉴입니다. 일본인들은 더워서 체력이 떨어졌을 때 먹는 '스태미나에 좋은 음식'이라고 생각하기도 하고요. 전체적으로 식감이 미끌미끌해서 호불호가 갈리는 메뉴이긴 하지만, 의외로 좋아하는 사람들이 많아요. 혹시 여름에 일본에 오시면 꼭 드셔보세요!

¥464

감자 샐러드

北海道産男爵いものポテトサラダ

감자 샐러드를 굳이 일본에서 먹을 필요 있을까 생각하시는 분, 꼭 한번 드셔보세요! 일본에서 감자 샐러드는 가정식이자 이자카야의 필수 안줏거리입니다. 세븐일레븐에는 몇 가지 감자 샐러드가 있어요. 일단 기본 맛인 '포테이토 샐러드'뿐 아니라 '베이컨 포테이토 샐러드'도 맛있습니다. '멘타이(명란) 포테이토 샐러드'도 한국인들의 입맛에 잘 맞을 것 같지만, 일부 지역에서는 판매하지 않는 것 같아요.

¥138~159

달걀 샐러드 빵

たまごサラダロール

관광객에게는 '타마고(달걀) 샌드위치'가 인기 있는 것 같은데, 저는 개인적으로 '타마고 샐러드롤(빵)'을 좋아해요. 그리고 점심 먹을 시간이 없을 때 항상 먹는 메뉴이기도 해요.

¥160

팥호빵

ごまあんまん

세븐일레븐 호빵 중 숨은 팬들이 많은 것은 팥호빵이에요. 이 팥호빵도 지역마다 맛이 좀 달라요. 도쿄는 살짝 참깨 풍미가 느껴지는 팥호빵이에요. 저 개인적으로는 모든 호빵 종류 중 세븐일레븐 것이 가장 맛있습니다.

¥130

유기농 깐 군밤

有機むき甘栗

일본에서도 군밤은 길거리 음식이지만, 편의점 간식으로도 판매합니다. 세븐일레븐의 군밤은 설탕이나 감미료를 넣지 않고 자연스러운 착한 맛이에요. 과자 대신에 건강을 생각해 군밤을 먹는 것도 좋지 않을까 합니다. 깐 군밤이고 80g씩 작은 패키지에 나눠져 있어서 먹기 매우 편합니다.

80g×3개입 ¥505

마시는 요구르트

のむヨーグルト プレーン

'마시는 요구르트'의 걸작입니다. 요즘 일본 여행하는 한국인들 사이에서 '바닐라 요구르트'라는 상품이 핫한 것 같은데요. 그 제품을 만드는 업체에서 세븐일레븐과 공동 개발한 상품이 바로 이 마시는 요구르트입니다. 진한 요구르트 맛이 드링크 타입으로 잘 재현되어서 만족도가 높은 제품이에요.

180g ¥151, 270g ¥213

휘핑크림이 들어 있는 도라야키

北海道十勝産小豆使用 ふんわり生どら焼き

디저트 코너(냉장 코너)에 있는 차가운 도라야키입니다. 반죽이 촉촉하고 팥도 부드러워서 이 맛에 빠지면 다른 도라야키는 못 먹게 될지도 몰라요.

¥270

이탈리아 밤 몽블랑

イタリア栗のモンブラン

백화점 지하에서 파는 고급스러운 몽블랑이라도 세븐일레븐의 몽블랑을 이길 수 있는 것은 많지 않다고 생각해요. 주로 가을에 많이 판매하는 메뉴인데 다른 계절에 팔기도 하더라고요.

¥367

저는 SNS에 일본 맛집을 한국어로 올리고 있는데, 제 SNS 친구들 역시 먹는 걸 너무 좋아하더라고요. 물론 일본 세븐일레븐 음식들을 좋아하는 분도 많아요. 그래서 인스타그램에서 '좋아하는 일본 세븐일레븐 음식은 무엇인가요?'라는 질문을 해봤습니다.

이번 질문에서 특히 인기 많았던 상품을 몇 개 골라서 마지막으로 소개해 드릴게요.

달걀 샌드위치는 역시 영원한 인기 No.1 메뉴인 것 같네요. 콘 마요네즈 빵은 일본 현지인 사이에서 인기 있었는데, 이제 여행자분들에게도 들켰군요.

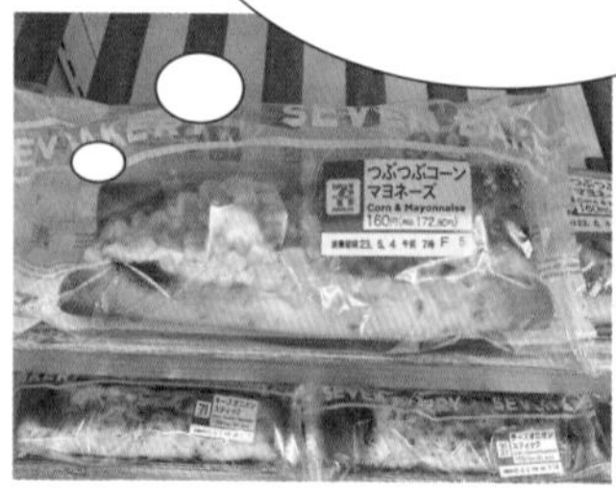

고구마 맛탕! 냉동식품인데 데우지 않고,
자연해동(실온 20℃로 30분)하면
먹을 수 있는 맛탕. 말 그대로 꿀맛!

아몬드 피시와 치즈대구.
술 좋아하는 분들의 필수템입니다.
저는 술을 못 마시는데 그냥
간식처럼 자주 먹어요.

토미타 부타라멘!
치바현에 본점을 두고 있는 초인기
라멘 맛집 '토미타'가 감수한 라멘.
전자레인지로 데워서 먹는 스타일입니다.

Tokyo Map

☞ 지역별 맛집 찾아보기입니다.
☞ 메뉴명 / 가게명 / 페이지 순으로 정리했습니다.
☞ 지역 명은 가나다 순으로 정렬했습니다.
☞ 가게 주소지와 대중교통 하차지가 다를 경우, 대중교통을 기준으로 지역을 정리했습니다.

TOKYO

Epilogue

저는 서울에서 유학 생활을 했다가 일본으로 돌아온 후, 한국어를 잊지 않기 위해 인스타그램을 시작했습니다. 제게 한국어를 가르쳐 주신 선생님들과 서울에서 현지 맛집을 알려준 친구들에게 보답한다는 마음으로 도쿄 맛집 정보를 한국어로 올려왔어요. 인스타그램을 시작했을 당시, 제 한국어 실력은 엉망이었습니다. 그런데 제가 피드를 올릴 때마다 친절한 한국인 팔로워들이 하나하나 꼼꼼하게 한국어를 고쳐주셨어요. 그 덕에 제 한국어 실력이 부쩍 늘었습니다.

그러다가 어느 날 제 인스타그램을 본 출판사에서 저의 맛집 정보들을 모아서 책으로 내자고 제안했고, 2018년 《진짜 도쿄 맛집을 알려줄게요》라는 책을 출판하게 되었습니다. 그때 저는 단지 한국어를 배우는 학습자일 뿐이었는데, '혹시 많은 한국인에게 도움이 될 수 있다면'하는 마음만으로 책 집필을 해냈습니다.

출간 이후 많은 한국인이 연락을 주셨습니다. 한국인들과 같이 식사를 하는 기회가 많이 생겼어요. 예전에는 제가 만날 수도 없었던 요식업 경영자, 미식 작가, 인플루언서 등과 한일 양국에서 얘기를 나누며 많은 것을 배웠습니다.
그뿐 아니라 한국 언론에 칼럼을 연재하거나 각종 매체에 기고 또는 출연했으며 한국어로 음식 문화에 관한 강의를 하는 등 상상도 못한 일들을 하게 되었죠.
사실 저는 이제까지 직장에 다니면서 작가 활동을 했는데(마치 〈고독한 미식가〉의 고로상처럼 맛집을 다니면서 글을 쓰고 있었던 거예요!), 2023년에 퇴직하고, 작가로서 살기로 했습니다.
이 책은 개정판이지만, 제게는 작가로서의 데뷔작이라 할 수 있습니다. 그래서 더 애정이 많이 가는 책이라 최선을 다해 개정판을 준비했어요.
앞으로도 제가 쓰는 글에 많은 관심과 응원을 부탁드립니다.

네모 from 도쿄

instagram: @tokyo_nemo

東京で待ってるよ!

도쿄에서 기다릴게요!

Editor's letter

2018년 저의 첫 일본인 친구가 생겼습니다. 게다가 밥친구입니다.
맛있고, 기분 좋은 한 끼를 대접하려고
5년 6개월 동안 또 부지런히 도쿄를 누빈 그 친구의 발(!)을 칭찬하고 싶어요.
네모 님이 쉼 없이 다니고, 맛보고, 글을 쓸 수 있었던 건
개정판을 기대하며 기다려주신 주민님들 덕분이에요. 고맙습니다. **서**

2018년 홀연히 등장해 우리들의 든든한 도쿄 현지 친구가 되어주었던
《진짜 도쿄 맛집을 알려줄게요》가 6년 만에 새 옷을 입고 돌아왔습니다.
그동안 더 알차고 새로운 로컬 맛집들을 가득 채워 왔으니
처음 뵙는 주민님들께도, 기다려주신 주민님들께도 반가운 만남으로 다가가길 바랄게요.
도쿄 여행, 걱정 끝~! **령**

꼴깍꼴깍 군침 삼키며 책을 만들어본 적이 있었던가?
맛있겠다! 먹고 싶다! 그리고 도쿄에 가고 싶다! **란**

진짜 도쿄 맛집을 알려줄게요

1판 1쇄 발행일 2018년 10월 2일
2판 1쇄 발행일 2024년 4월 1일
2판 2쇄 발행일 2025년 2월 24일

지은이 네모(tokyo_nemo)
발행인 김학원
발행처 (주)휴머니스트출판그룹
출판등록 제313-2007-000007호(2007년 1월 5일)
주소 (03991) 서울시 마포구 동교로23길 76(연남동)
전화 02-335-4422　**팩스** 02-334-3427
저자 · 독자 서비스 humanist@humanistbooks.com
홈페이지 www.humanistbooks.com
시리즈 홈페이지 blog.naver.com/jabang2017
디자인 스튜디오 고민　**용지** 화인페이퍼　**인쇄** 삼조인쇄　**제본** 해피문화사

자기만의 방은 (주)휴머니스트출판그룹의 지식실용 브랜드입니다.

ISBN 979-11-7087-127-9 13980

VERY HOT!
TOKYO NOODLES
It's Delicious

VERY HOT!
TOKYO
NOODLES
It's Delicious